不一樣的 葡萄酒全書

秦嶺 編著

序一
Preface 1

屈星
中國葡萄酒資訊網
CEO

葡萄——這一流芳幾千年，深獲全世界億萬大眾喜愛的產品，以其深厚的文化底蘊、豐富的內涵、多姿多彩的形態、千變萬化的風味、繁複如星的品種，深深吸引着世界各地的人們。

20 世紀 90 年代，秦嶺遠渡重洋來到世界知名的葡萄酒產區——澳洲的阿德萊德，學習葡萄酒知識。她畢業回國後做過葡萄酒教育、葡萄酒市場推廣、葡萄酒網絡媒體編輯等工作，積累了豐富的知識和經驗，從一個對葡萄酒一無所知的青年變成了熱愛葡萄酒、致力於葡萄酒文化推廣的專業人士。

在中國葡萄酒市場飛速發展的今天，越來越多的人被葡萄酒吸引。作為葡萄酒愛好者和消費者，對葡萄酒瞭解得越多，就越能欣賞和感受到葡萄酒的魅力，而越感受它的多姿多彩，就越能成為一個理智的消費者和聰明的買家。作為從事葡萄酒行業的人員，對葡萄酒知識瞭解得越多，就越能為勝任工作打下堅實的基礎，越能用葡萄酒（這個「世界第二大語言」）與客戶、同行、同事分享和交流。

希望本書能引領讀者遨游浩瀚的葡萄酒世界，通過葡萄酒——這一上天賜予人類的「生命之水」，來收穫情感、收穫愉悦、收穫健康、收穫友情、收穫浪漫、收穫成功！我想，這應該也是作者所期待的。

序二
Preface 2

秦嶺是我在葡萄酒行業中認識的少有的既有紮實專業水平，又頗具寫作才氣的女性。

秦嶺女士與我因葡萄酒結緣，她身上既有東北人的熱情和正義感，又有自帶幽默效果的說話方式，是一位非常優秀的葡萄酒講師。

中國的葡萄酒消費市場正從初級的混沌狀態向成熟飛速邁進，消費者開始受到越來越多葡萄酒「知識」的狂轟濫炸，其中不乏一些真假難辨的信息。

目前市場魚龍混雜、資訊真假難辨，更需要有更多的從業者站出來，告訴消費者葡萄酒是甚麼，該如何選擇葡萄酒、享用葡萄酒。

希望秦嶺女士的這本書能讓更多的葡萄酒愛好者和消費者瞭解葡萄酒、愛上葡萄酒，幫助中國葡萄酒市場更快速、健康地成長！

歷彥剛
英國葡萄酒與烈酒教育基金會四級（WSET Diploma）品酒師認證課程在讀

前 言
Foreword

秦嶺
葡萄酒偵探社

　　我雖然學的是葡萄酒市場營銷專業，但我更願意把自己定位為一個葡萄酒愛好者，而不是專業人士。當自己是廣大葡萄酒消費者、愛好者中的一員時，我才更清楚大家感興趣的東西。所以有了寫這本書的想法，就寫寫大家想瞭解的內容。

　　我覺得葡萄酒是一種語言，當你生命中有了葡萄酒，就相當於你的生活中多了一種語言。

　　葡萄酒不是奢侈品，我們常見的奢侈品是品牌價格高於產品成本百倍的商品。我認為葡萄酒最多是藝術品，它永遠是物有所值或是物超所值的。奢侈品是僅供小部分人享受和擁有的，而葡萄酒是所有人都可以享用的！

　　葡萄酒是你可以仰望、欣賞、探索、觸摸的……卻很難瞭解它的全部。

　　葡萄酒沉醉，醉得浪漫、醉得悠然、醉得舒坦，醉倒之後還依舊讓你有斷續的清醒，讓你體會、享受這種醉，你醉了，但醉得美麗，醉得愛不釋手！

　　人生中你可能會錯過很多美好，但請不要錯過品嘗葡萄酒的美好。你可以把葡萄酒當作你的戀人，它一定忠誠地陪你走完這一生！

　　最後，本書要特別感謝葡萄酒資訊網 CEO 屈星為本書寫序，還費心收集、提供了很多照片；感謝遠在澳洲的朱莉（Julie）特別去酒莊拍攝圖片；感謝深圳市威蘇威精品酒業的鄧先生提供的圖片和雞尾酒調製配方。

　　葡萄酒偵探社是我們運營的葡萄酒微信平台，歡迎廣大葡萄酒愛好者關注並與我交流。

葡萄酒偵探社

目 錄
Contents

第一章

葡萄酒是甚麼

葡萄酒被人們稱之為有生命的物體，男人們特別喜歡將葡萄酒比作各種各樣的女人。雖然我不喜歡將葡萄酒比作女人，但是葡萄酒的確有着似人之處，它有性格、變化、生命……

葡萄酒
是個甚麼東西

大家都知道葡萄酒是一種含酒精的飲品，但在西方國家，有些人會將葡萄酒列為食品的一部分，認為葡萄酒與吃飯是不可分割的。所以，有這樣的說法：「一頓沒有葡萄酒的晚餐，就好像一個沒有接吻的擁抱。」

至於葡萄酒是個甚麼東西，就從一個傳說和一句史料開始講起吧。

傳說很久以前有一位國王，非常喜歡吃葡萄。有一年，他把吃剩下的葡萄放到罐子裏密封保存起來，想吃的時候就來拿點，可是又擔心別人看到了會偷吃他的葡萄，於是就用墨水在罐子上寫下了「毒藥」兩個字。過了一段時間，有一位嬪妃因長期受到國王的冷落，感到生活無趣，想要結束自己的生命，剛好看到了這罐「毒藥」，便打開來想要服毒自盡。由於葡萄在儲藏的過程中已經自然發酵變成了葡萄酒，這位嬪妃喝了之後不僅沒有死，還覺得甘美無比，心情愉悅，於是她決定獻給國王。國王喝後大喜，開始重新寵愛這位嬪妃，還傳令下去用此方法釀製葡萄酒。

中國史料記載，在東漢時期葡萄酒還是非常珍貴的，其珍貴的程度，可以從宋代著作《太平御覽》中的一句話看得出。《太平御覽》卷 972 引《續漢書》云：「扶風孟佗以葡萄酒一斛遺張讓，即以為涼州刺史。」足見那時葡萄酒的珍貴，將此句用現代漢語翻譯過來就是：用一箱葡萄酒，換一個省長的寶座！

如今無論是中國葡萄酒還是進口葡萄酒，大家都已司空見慣了，但是它濃郁的香氣、豐富的口感、多變的「個性」、甘美的回味和對人體的保健作用卻從未改變。所以，再有人問葡萄酒是個甚麼東西，可以回答「葡萄酒是個好東西！」

葡萄酒的起源與發展

當葡萄成熟、落地、破碎、自然發酵產生酒精時，葡萄酒就已經出現了，它甚至不需要多少人為因素。任何地方的人，只要種植葡萄，都可能有意無意地「釀造」出葡萄酒，所以，如果真的設個獎去尋找葡萄酒起源的地方，怕是會有無數個國家要搶破頭了。我們只能根據文獻記載和有據可查的內容勾畫出葡萄酒的大致歷史。

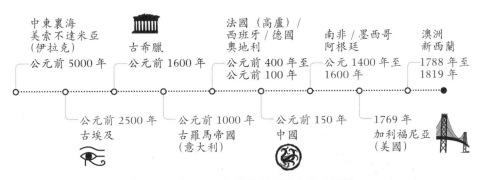

各國家和地區發現最早記載葡萄酒歷史的時間軸

早在公元前 5000 年左右，人類就已經開始飲用葡萄酒了，從時間軸上可以看到，葡萄酒由美索不達米亞（現在中東伊拉克）傳到古埃及、古希臘，再到古羅馬（如今的意大利），之後才傳入法國、西班牙、德國等現在所說的「舊世界」葡萄酒國家（簡稱「舊世界」國家）。

雖然，葡萄酒究竟起源於哪個國家和地區已經無從考證了，但我們還是可以在歷史發展的長河中紮紮實實地看到葡萄酒在各個時期留下的不可磨滅的痕迹。比如《聖經》中 521 次提到葡萄酒，耶穌曾對十二門徒説：「喝葡萄酒可以平靜你的心靈，讓你安詳。」耶穌在最後的晚宴上説：「麵包是我的肉，葡萄酒是我的血。」也因此出現了「葡萄酒乃基督之血」的説法。

再比如在埃及古墓中的浮雕上，清清楚楚地描繪了古埃及人種植、採集葡萄，釀酒和飲用葡萄酒的場景，確切地記錄了他們當時釀酒的技術工藝。浮雕中工人們把葡萄摘下來，用腳踩碎葡萄，把葡萄汁灌到陶罐中，用泥土封口，在瓶口處留下小孔，最後用黏土封上。

這無疑是一套完整的釀酒工藝，從採摘、碾碎，再轉移至陶罐發酵，並且知道留小孔排放發酵生成的二氧化碳，發酵結束後，再封好陳放。可見那時古埃及人已經完全掌握了釀酒技術，也能反映出葡萄酒在古埃及文化中重要的地位。有意思的是，壁畫中幾次出現人物嘔吐、醉倒、被僕人抬走的畫面。

古埃及時期，葡萄酒是一種珍品，為皇室成員所飲用，並且因其珍貴而被作為法老的陪葬。曾有新聞報道埃及法老圖坦卡蒙古墓發現了紅酒罐子，報道中寫到圖坦卡蒙墳墓中擺放了 26 罐葡萄酒，並且罐子上還刻着酒的釀造年份、出處、來源和製造商名字等信息，可見當時古埃及的葡萄酒釀造已經非常規範了。

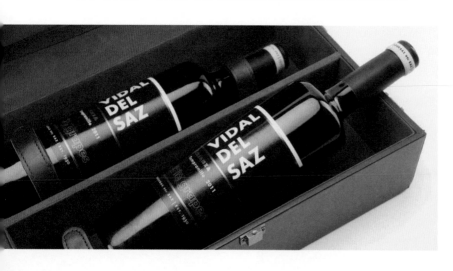

隨後，葡萄酒傳到了古希臘，那時的葡萄酒對於古希臘人來説猶如當下的葡萄酒對於法國人一般，不僅在希臘人生活中有着重要的地位，還產生了有法可依的規範。雖然葡萄酒發源地是哪裏眾説紛紜，但葡萄酒法規是誕生在古希臘的，古希臘是第一個用法律的形式來規定生產與經營葡萄酒的國家，可以説古希臘人將葡萄酒視為人類智慧的泉源。有趣的是，在古希臘時期，葡萄酒和神學總是糾纏在一起，比如葡萄酒經常出現在希臘神話中，甚至有「酒神」這個頭銜。人們不明白為甚麼喝了酒，頭會暈，精神狀態會被改變，是因為這液體中有一種神嗎？喝了葡萄酒就等於喝進了某一個神仙？

不僅如此，古希臘人出遠門也不忘將自己鍾愛的葡萄酒隨身携帶，所以葡萄酒隨着古希臘人的足迹先是傳到了現在的意大利地區，隨後又帶到了現在的法國、西班牙、德國等地。雖然這些被古希臘「提攜」過的「後進生」如今已是揚名全球的葡萄酒生產國，且名氣遠勝過他們的「師傅」，但至今為止，希臘依舊出品頂級品質的葡萄酒，我們可以買到香氣馥鬱，口感醇厚的希臘高端葡萄酒。

進入公元元年之後，葡萄酒通過大航海時代陸續傳到了現在的南非、美國和澳洲等「新世界」葡萄酒國家（簡稱「新世界」國家）。「新世界」葡萄酒生產國雖然歷史短暫，但它們是站在巨人的肩膀上，迅速進入了葡萄酒生產大國的行列。並且由於氣候的原因，那些原本在歐洲瀕臨絕種或毫無建樹的葡萄品種在「新世界」國家能得以完美展現，釀造出更具特色的葡萄酒。從某種意義上來説，「新世界」葡萄酒生產國，不僅僅挽救了那些不被歐洲重視的葡萄品種，更給葡萄酒愛好者們提供了更多的選擇，讓葡萄酒世界更多樣化了。

▶━┤ 中國葡萄酒成長史

說過了外國葡萄酒的起源與發展，回來說說中國的。在葡萄酒世界，中國是一個很難界定的國家，你無法說它是「新世界」國家，因為它的釀酒歷史甚至可能超過法國，但也不能說是「舊世界」國家，因為中國蒸餾酒的地位較高，葡萄酒一直沒能得以完善的發展。所以一些西方國家，描述到中國葡萄酒時，用的是「開始嶄露頭角」。其實這麼說也沒錯，在葡萄酒世界中，中國確實是嶄露頭角，但這一露就不是一小角，而是一大角。

誰都不能否認，近 30 年來，中國葡萄酒事業的發展與中國樓市一樣迅速，所以很多人都誤認為中國的葡萄酒不過是近百年才有的。我個人認為，中國身為四大文明古國之一，根據《詩經》中的描述，中國在殷商時代（公元前 1600 年至公元前 1046 年）就已經開始採集並食用各種野葡萄了。既然那麼早就開始食用葡萄，那麼發現葡萄酒也不會是太晚的事情，只不過

可能那個時候沒有形成規模，沒人記載罷了。有報道在河南的古墓中出土的距今已有 3000 多年歷史的密封銅卣（古代盛酒器）中發現了葡萄酒，但因為年代太過久遠，已經無法辨認出葡萄酒的品種，而史料上也沒有當時關於葡萄酒的任何記載，所以中國釀造葡萄酒的歷史還是無據可查。但是依照葡萄酒歷史坐標軸的時間來看，3000 年前正是葡萄酒傳到古羅馬（意大利）的時候，如果按照這個時間來算，中國的葡萄酒歷史，比法國還要悠久。

　　中國有據可查的關於葡萄酒的記載是在公元前 126 年，張騫出使西域帶回了葡萄種植和釀酒技術，並開始在中國有規模地使用。歷史上中國西部一直都是葡萄種植的重要產地，《吐魯番出土文書》中記載了公元 4 世紀至 8 世紀吐魯番地區葡萄園種植、經營、租讓和葡萄酒買賣的情況，直到現在為止，新疆依舊是中國葡萄的重要產地。葡萄酒產業其實在中國歷史中一直是良性發展，從皇室慢慢到民間，曾經也算是比較盛行的產業，中國古代不少歷史文獻中都出現過有關葡萄酒的記載，不少詩詞中都出現過葡萄酒的字眼，也有不少歷史名人都是葡萄酒的忠實粉絲。

歷史文獻中有關葡萄酒的記載

蒲萄酒，金叵羅，吳姬十五細馬馱。

——李白《對酒》

野田生葡萄，纏繞一枝高……釀之成美酒，令人飲不足。為君持一鬥，往取涼州牧。

——劉禹錫《葡萄歌》

中國珍果甚多，切複説葡萄……又釀為酒，甘於鞠蘗，善醉而易醒，道之固已流涎咽唾……

——曹丕《詔群醫》

葡萄酒暖腰腎，駐顏色，耐寒。

——李時珍《本草綱目》

葡萄美酒夜光杯，欲飲琵琶馬上催。醉臥沙場君莫笑，古來征戰幾人回？

——王翰《涼州詞》

然而到了明清時期，尤其是到了清朝後期，中國葡萄酒產業出現了轉折，蒸餾酒技術在民間悄然流行起來。烈性酒越來越受到人們的喜愛，而葡萄酒日漸沒落，逐漸被人遺忘。直到近些年來，進口葡萄酒如千軍萬馬奔騰而來，葡萄酒才又一次進入到人們的眼簾，而這次卻是以舶來品的身份出現。就算中國還有着生產葡萄酒的百年老店，然而與「舊世界」國家動輒上千年歷史的酒莊比起來，中國酒莊的歷史，顯然無法代表中國葡萄酒的歷史。

　　白酒興起之後，一直佔據中國酒品市場的主體，並被稱為國酒。但在 1987 年，中國對酒類發展方向提出了逐步實現四個轉變的要求：高度酒向低度酒轉變；蒸餾酒向發酵酒轉變；糧食酒向果酒轉變；普通酒向優質酒轉變。其中，先不論葡萄酒算不算是優質酒，就前邊三樣低度酒、發酵酒和果酒來說，葡萄酒全佔。到了 1995 年，國家 23 部委聯合提出「今後公宴不喝白酒改喝果酒」的倡導。而葡萄酒有益健康、美容養顏的說法也逐漸在社會上流傳開來，這時葡萄酒才開始逐漸成為大眾飲酒時的選擇。

葡萄酒的定義

> 葡萄酒是世界上最文明的產物之一，同時也是能為人們帶來最完美享受的自然產物之一。
>
> 　　　　　　　　　　　　　　——海明威

　　海明威的這句話是從文學角度上描述的葡萄酒，從科學角度上來講，根據國際葡萄與葡萄酒組織（OIV）的規定（1996年），葡萄酒只能是破碎或未破碎的新鮮葡萄果實或葡萄汁經完全或部分酒精發酵後獲得的飲品，其酒精度不能低於 8.5 度。但實際上有 4.5~8 度的葡萄酒，一些半乾、半甜或者甜型的葡萄酒，會選擇在發酵過程中終止發酵，從而得到較高的剩餘糖分，

以及較低的酒精度數。所以，現在再講定義的時間，一般不會強調酒精一定低於某個度數。簡單一點説，葡萄酒就是由葡萄汁中的糖分發酵轉化成酒精後的飲品。這個規定有兩個要點，第一，葡萄酒的原料中沒有加水。第二，葡萄酒沒有加入酒精（一些加強酒除外）。所以，那些所謂的「三精一水」勾兑出來的東西，完全和葡萄酒沒有任何關係。

 葡萄酒都含有哪些成分

從葡萄酒定義上來看，彷彿葡萄酒的成分就是葡萄汁及其中糖分轉化成的酒精，其實不然，還要從葡萄的種植説起。釀酒用的葡萄種植需要的環境和條件與其他大部分農產品不一樣，一般的農作物需要肥沃的土地和充足的雨水，但是釀酒葡萄則不然。要想釀出口感豐富、香氣馥鬱的葡萄酒，不光種植葡萄的土壤要貧瘠，還要雨水量小，這樣可以迫使釀酒葡萄藤不斷深入扎根，汲取地下水分和深層土壤中所含有的各種養分。由於水分的控制，釀酒葡萄與食用葡萄相比，顆粒小，果實更擁擠，果皮更厚，顏色更深、葡萄子更大。雖然葡萄小小一顆，但濃縮在裏面的都是精華，所以吃起來味道也是非常好的。

葡萄酒的味道

「乾紅」、「紅酒」已經成為「葡萄酒」的代名詞。但其實「紅酒」只是葡萄酒的一種，「乾紅」也只是葡萄酒中的一種風味，關於葡萄酒的分類，會在下一節詳細説明，這裏要説的是，很多人受到了「野力乾紅」味道的影響，以為葡萄酒就應該是酸甜爽口，加冰飲用。所以有的人覺得，乾紅又酸又澀的味道難以接受，喜歡在喝的時候加入雪碧等飲品。這只是因為中國人習慣了之前偏甜的味道，認為葡萄酒就應該是甜的，其實，乾紅和乾白各有特性，紅葡萄酒的特性是「澀」，而白葡萄酒的特性是「酸」。不澀的紅葡萄酒和不酸的白葡萄酒，才是少了本來應有的風味。

葡萄酒的特別之處

首先，葡萄酒是這個世界上品牌最多的產品。在這個世界上很少有一種商品有像葡萄酒一樣多的品牌，其品牌之多已經多到無法計算的地步。而且葡萄酒的品牌從來都沒有停止過增長，到目前為止已經超過百萬個了。就拿澳洲來說，截止到2008年，已有2200個葡萄酒廠，有近6000個葡萄酒品牌，而且每年還會有近100個新的葡萄酒廠加入到這個大家庭來。就一個國家的範圍來說，很少會有另外一種商品可以出現6000個品牌，而且這6000個品牌皆有銷路。要知道澳洲的總人口和上海市的人口差不多，而且澳洲釀造葡萄酒的歷史在世界範圍來講還算是短的。

第二，所謂「三分工藝，七分天意」。葡萄酒的質量有70%來自於葡萄本身的質量，而葡萄的質量則受年份、土壤、水分、地域、葡萄藤年齡等多個因素的影響，且這些因素絕大部分是不可以人為控制的，這有別於其他大部分產品。並不是說在質量上有不受人控制的因素就是好的，但就像人類對不明飛行物（UFO）的好奇一樣，當你越無法控制某些因素的時候，你越想去瞭解、想去研究、想去掌控，這也使葡萄酒超越了產品本身，成了一種可以去研究的藝術品。

第三，葡萄酒同品牌之間也有差異。同一家公司，同一個品牌，同一個葡萄品種，同一名釀酒師，同一套釀酒設備釀造出來的同款葡萄酒，不同年份的味道與品質依舊會有不同，以致會有不同的價格。

不同品牌的葡萄酒

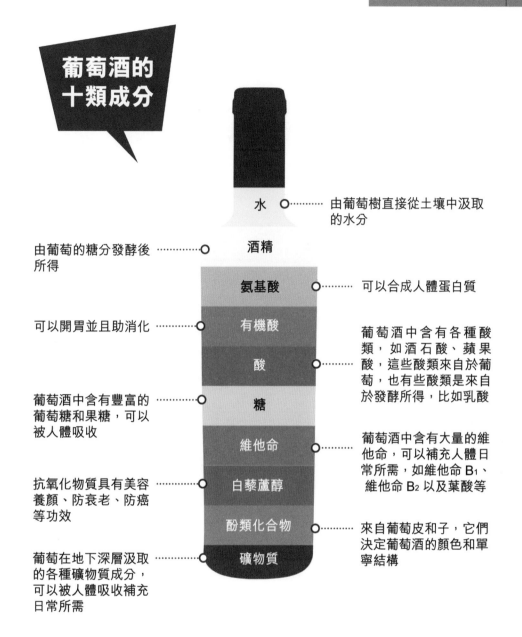

葡萄酒的十類成分

水 ⋯⋯⋯⋯ 由葡萄樹直接從土壤中汲取的水分

由葡萄的糖分發酵後 ⋯⋯⋯⋯ 所得 酒精

氨基酸 ⋯⋯⋯⋯ 可以合成人體蛋白質

可以開胃並且助消化 ⋯⋯⋯⋯ 有機酸

酸 ⋯⋯⋯⋯ 葡萄酒中含有各種酸類，如酒石酸、蘋果酸，這些酸類來自於葡萄，也有些酸類是來自於發酵所得，比如乳酸

葡萄酒中含有豐富的葡萄糖和果糖，可以被人體吸收 ⋯⋯⋯⋯ 糖

維他命 ⋯⋯⋯⋯ 葡萄酒中含有大量的維他命，可以補充人體日常所需，如維他命 B_1、維他命 B_2 以及葉酸等

抗氧化物質具有美容養顏、防衰老、防癌等功效 ⋯⋯⋯⋯ 白藜蘆醇

酚類化合物 ⋯⋯⋯⋯ 來自葡萄皮和子，它們決定葡萄酒的顏色和單寧結構

葡萄在地下深層汲取的各種礦物質成分，可以被人體吸收補充日常所需 ⋯⋯⋯⋯ 礦物質

　　很少會有一種產品像葡萄酒一樣有它單獨的法律，出現像歐盟（EU）這樣的組織去規範和限制它，建立一個學院去研究和學習它，乃至從一種商品演變成一種文化，讓人感覺到它是活着的，是有生命的！

各種各樣的葡萄酒

葡萄酒的幾種分類

如同茶葉按顏色可以分為綠茶、紅茶、白茶；人按照地理位置可分亞洲人、歐洲人、非洲人……葡萄酒也是如此，因為種類形式繁多，很難用一種方式囊括所有形式的葡萄酒。葡萄酒按照不同的標準，也有不同的分類方法。

葡萄酒的分類

按顏色	紅葡萄酒	白葡萄酒	桃紅葡萄酒	
按含糖量	乾型葡萄酒	半乾型葡萄酒	半甜型葡萄酒	甜型葡萄酒
按釀造工藝	靜止葡萄酒	起泡葡萄酒	加強型葡萄酒	

按照顏色分類

首先是按照顏色去分，這是最直觀的分類方式，分為紅葡萄酒、白葡萄酒和桃紅葡萄酒。從準確度來說，桃紅葡萄酒算是分類最準確的了，因為桃紅葡萄酒的顏色就是桃紅色的。紅葡萄酒，就是人們常說的紅酒，其真正的顏色是紫紅色到寶石紅色或石榴紅色，與正紅色實在相差很遠。白葡萄酒就更與白色不貼邊了，其實際的顏色是檸檬色到金黃色。葡萄酒產生顏色區別的原因是因為釀酒葡萄品種的不同。

紅葡萄酒採用的是紅色葡萄釀製而成，

桃紅、紅、白葡萄酒

白葡萄酒是採用青葡萄，或者是用去了皮的紅葡萄釀製而成（現在用此方法的已經極少了，畢竟風險很大，質量也難保證，不屬經濟適用型方案）。桃紅葡萄酒一般也是採用紅葡萄釀造，只不過顏色的來源——葡萄皮不參與發酵過程，所以顏色會淡一些（具體釀造的方法，在第49頁中會有更詳細的說明）。

按照含糖量來分類

主要分為乾型葡萄酒、半乾型葡萄酒、半甜型葡萄酒、甜型葡萄酒，具體含量如下表所示。

葡萄酒按照含糖量分類表

葡萄酒類型	含糖量	葡萄酒類型	含糖量
乾型葡萄酒	4克/升以下	半甜型葡萄酒	12~40克/升
半乾型葡萄酒	4~12克/升	甜型葡萄酒	40克/升以上

曾經有一個很流行的關於葡萄酒對雪碧的笑話：「老外」花了幾百年的時間研究出來如何把糖分從葡萄酒中去除，中國人一口雪碧就把糖分又加了回來！此番話是中國人自嘲用雪碧對入紅葡萄酒，浪費了本來的一杯好酒。乍看來葡萄酒中不應該有糖分，那為甚麼又有甜型葡萄酒呢？

蘇岱甜酒

之前已經講過，釀酒是葡萄汁中的糖分轉化成酒精的一個過程。乾型葡萄酒，也就是經常說的「乾紅」，是糖分完全轉化成了酒精（雖然所謂是完全，但也不見得完美到100%，剩餘的糖分在每升4克以內，並且也不會出現繼續發酵的情況）。而甜型葡萄酒，則是由於一些人為因素，讓葡萄中的糖分沒有完全轉化成酒精，很多時候是因為葡萄本身的含糖量很高，即使發酵到正常的酒精度數，依然還有大量的糖分剩餘，就釀造成了

半乾、半甜或甜型的葡萄酒。同時，這樣的葡萄酒相對來說酒體更飽滿，聞起來便會帶有一種焦糖或者蜂蜜的味道，頗受中國人喜歡。根據我做品酒活動的經驗來看，每次只要出現甜酒，都是會被喝個精光的。

按照釀造工藝來分類

按照釀造工藝，將葡萄酒分為靜止葡萄酒、起泡葡萄酒、加強型葡萄酒。相對應的葡萄酒種類如下表所示。

按釀造工藝分類及其代表

釀造工藝	葡萄酒
靜止葡萄酒	「乾紅」、「乾白」
起泡葡萄酒	香檳、卡瓦
加強型葡萄酒	波特、雪莉

香檳葡萄酒

靜止葡萄酒這個說法，是相對於起泡葡萄酒而來。起泡葡萄酒，是利用了二次發酵所產生或人工添加的二氧化碳，和那些碳酸飲品一樣，倒酒時杯子中會呈現出氣泡，所以稱之為起泡葡萄酒，也有叫作氣泡葡萄酒的。而靜止葡萄酒，則是中規中矩的發酵完畢、橡木桶陳放，再裝瓶，不會生成也不會另外添加二氧化碳進去，也就是我們通常所說的「乾紅」和「乾白」。

好的起泡酒，氣泡豐富，泡沫小而量多，從側面看有持續向上的氣泡；而質量低的起泡酒，泡沫粗大，持續時間較短，過不了多久，便會呈現出與靜止葡萄酒差不多的表面特徵。

關於香檳，應該算是第一個在中國火起來的進口葡萄酒，那會兒，人們都還沒有聽說過拉菲呢，但是香檳兩個字卻早已瑯瑯上口，家喻戶曉了，不過時至

頂級香檳酒

今日，還是有很大一部分人不知道香檳也是葡萄酒的一種。具體地說，香檳是起泡酒的一種，而起泡酒是葡萄酒的一種。只是那個時候，沒有人有這個概念，認為香檳就是香檳，一種婚禮、慶典時專用的酒。以至於很多人見到開瓶冒氣帶酒精的酒，都會稱之為「香檳」。

事實上，香檳兩個字可不是隨便叫的，它與茅台有着相同之處。茅台酒得名於貴州省仁懷市茅台鎮。 香檳也是如此，香檳是法國十大葡萄酒產區之一，與波爾多一樣，是一個產區的名稱。只有產自這個產區的起泡酒，才可以叫香檳，英文名是Champagne。當然起泡酒不只有香檳一種，很多其他葡萄酒生產國也都釀造起泡酒，只是叫的名稱不一樣而已。香檳酒往往價格比較昂貴，除了名氣的原因之外，當地的葡萄成本也比世界其他起泡酒產區高很多，另外香檳採用的是傳統釀造方式，即葡萄酒的二次發酵是在瓶內進行，這也加大了釀酒的成本。相比之下，很多「新世界」國家產的起泡酒採用的是罐中二次發酵的方式。

加強型葡萄酒，指的是在葡萄酒發酵過程中或發酵結束後，加入白蘭地提高酒精度數的葡萄酒。加強型葡萄酒往往口感更加濃烈，酒精度數更高（一般為 15~22 度），在葡萄酒市場中頗受大家的歡迎，很多歐洲的餐廳裏，加強型葡萄酒屬必備的酒款。最出名的加強型葡萄酒有葡萄牙的波特酒（Porto）和西班牙的雪莉酒（Sherry）。

香檳以外的起泡酒

西班牙的起泡酒

西班牙的起泡酒卡瓦（Cava），主要產於西班牙東北部的加泰羅尼亞（Catalonia）地區，使用的葡萄品種是馬卡貝奧（Macabeo）、帕雷亞達（Parellada）、沙雷洛（Xarel-lo）、黑比諾（Pinot Noir）以及霞多麗（Chardonnay）。卡瓦使用的釀造方式與香檳一樣，用的也是傳統的發酵方式，但因為葡萄成本較低，陳年的時間較短，所以價格會比香檳酒低很多，性價比較高。

意大利的起泡酒

皮埃蒙特：阿斯蒂（Asti）是意大利的起泡酒主產區，主要出產葡萄品種為小白麝香（Muscat Blanc a Petits Grains），使用的是阿斯蒂特有的釀造方式，在高壓下進行第一次發酵，並在糖分完全轉化成酒精前終止發酵，這樣得來的起泡酒，酒精度數低，口感比較甜，受到消費者的喜愛。

普洛賽克：是威尼托一種用普洛賽克（prosecco）葡萄品種釀造的起泡酒，口感為乾型，但非常芳香，使用的是罐中二次發酵的方式，所以價格適中，在世界範圍內大受歡迎，甚至銷量一度超過香檳。

美國起泡酒

美國的生產商大多採用傳統方法生產起泡酒，也會進行較長時間的陳年，而且品種也是採用香檳產區同樣的葡萄品種，所以風格上和法國的香檳酒比較類似。

澳洲起泡酒

澳洲一些氣候較為涼爽的產區，比如塔斯馬尼亞，會出產一些品質不錯的氣泡酒，有些採用的是傳統方式，有些採用的是罐中二次發酵的方式。不過澳洲比較有創意的一種起泡酒是採用設拉子（Shiraz）葡萄釀造的紅色起泡酒。設拉子顏色深，單寧含量也較高，在其他國家很少會被用來釀造成起泡酒，這也算是澳洲的特有產品了。

南非起泡酒

在南非，使用傳統方法釀造的起泡酒，會標有「開普經典（Cap Classique）」字樣，品質較高，也有較長的陳年時間，除了使用霞多麗和黑比諾葡萄之外，也會使用長相思（Sauvignon Blanc）和白詩南（Chenin Blanc）來釀造起泡酒。

波特酒

波特酒產於葡萄牙杜羅河產區，因為是在葡萄酒發酵過程中加入白蘭地終止其發酵，使得部分糖分還沒有轉化成酒精，所以波特酒都是甜酒。有上好年份的時候，波特酒也會在酒標上標註年份，這種有年份的波特酒往往品質更好。

雪莉酒，雖然同屬加強型葡萄酒，但與波特酒有很大區別，雪莉酒是在發酵結束之後再加入白蘭地，所以雪莉酒不全是甜酒。也有半甜和不甜的雪莉酒，另外雪莉酒採用一種特殊的陳年方式——索雷拉（Solera），可以讓雪莉酒同時兼具新酒的清新與老酒的醇厚，這種方法是把發酵結束的葡萄酒放在酒桶中，將酒桶分數層堆放，最老的酒放在最下面一層，最年輕的酒放在最上面一層，層數可由酒廠自己定奪，少則 3 層，多則 14 層。每隔一段時間，酒廠會從最底層的老酒酒桶中取出一部分酒裝瓶出售，然後從上一層桶中取出相應的酒填補到下一層，再由第三層的酒填補到第二層，這樣一次次填補下去，最年輕的酒永遠在最上面一層，而每次裝瓶出售的酒都以老酒為基礎，這使得雪莉酒可以保持永恒的風味。

因禍得福的意外

中國有句古話叫「塞翁失馬，焉知非福」。人們總有這樣的心態：科學研究出來的東西總感覺比意外發現的缺少了一點浪漫。意外的發現已是難得，若再加上因禍得福，那更是會給人無限的驚喜。很多葡萄酒品種都是在大災難中意外地出現了柳暗花明，成就了今天世界上豐富多樣的葡萄酒品種。

> 好的葡萄酒證明了上帝希望我們幸福。
>
> ——富蘭克林

貴腐葡萄酒

紀錄片《舌尖上的中國》有一期介紹的是安徽的美食毛豆腐，被真菌覆蓋的豆腐，表面長出了一層雪白的絨毛，讓人想起童年的棉花糖，不禁口水下咽恨不得咬上一口。可見菌類也可以「巧奪天工」，製造出無與倫比的美食。其實菌類也可以釀造出無與倫比的美酒。

貴腐葡萄酒，屬甜型葡萄酒。人們看到「貴」自然會聯想到「名貴」和「價錢貴」，而「腐」字則往往聯想到「腐爛」和「腐敗」，這兩個字與葡萄酒聯繫在一起，實在是有些奇怪。沒錯，貴腐葡萄酒，它是真的「貴」，但卻不是真的「腐」。

貴腐葡萄酒是用感染上貴腐菌（Botrytis cinerea，又稱葡萄孢菌）的葡萄釀製而成，這種貴腐菌會附着在葡萄的表面，並且將葡萄皮「腐蝕」出肉眼看不見的小孔，使葡萄中的水分蒸發。所以感染上了貴腐菌的葡萄，還挂在葡萄藤上的時候就因為水分被蒸發而變得乾瘪，表皮看上去像是覆蓋了一層細小的絨毛，但是這樣的葡萄也因為喪失了水分而變得糖分更高。

這種貴腐菌與一般的細菌不同，並不是在任何地區的葡萄都可以染上貴腐菌的，這種菌的感染必須在特定的氣候條件下才有可能出現。早上要陰冷並有霧氣，下午則要炎熱乾燥，在這種微型氣候下，才可以讓葡萄即感染上貴腐菌又不會真的腐爛掉。所以適合貴腐菌生長的葡萄酒產區在世界上並不多見。另外，並不是所有葡萄都會同時感染上貴腐菌，一片葡萄園中感染貴腐菌的時間和程度是不一樣的，甚至每一串，每一顆葡萄感染的時間和程度都不一樣。這種葡萄必須經過手工挑選，再加上它是脫了水的，能擠壓出來的葡萄汁十分有限，釀造出來的葡萄酒自然要比正常的葡萄酒少很多，所以貴

托卡伊
貴腐酒

法國波爾多
蘇岱貴腐
葡萄酒

腐酒可謂是滴滴如金，被當之無愧地稱之為「液體黃金」，而巧的是貴腐酒剛好也是金黃色的酒體。

我們常說「濃縮的都是精華」，釀酒葡萄本身就已經是精華了，貴腐菌感染的葡萄更是精華中的精華。用最精華的葡萄釀製而成的貴腐酒，酒體飽滿濃厚、果香濃郁、異常香甜。最難得的是它的餘味，據說喝下去 2 小時後嘴裏還會有淡淡餘香。這種人間罕見的葡萄酒當初是怎麼被人發現的呢？

關於貴腐酒起源的傳說不勝枚舉，眾說紛紜，各個地方都有不同的說法，但是所有傳說中，不變的中心是：當酒莊莊主要採收葡萄的時候，非常懊惱地發現自己成片的葡萄園都被染上了貴腐菌，原本圓潤的葡萄變得乾癟，莊主悲傷之餘卻也不願就這麼放棄，於是死馬當活馬醫，依舊利用這些葡萄發酵釀酒。卻沒想到釀製出來的酒更加濃郁香甜，回味無窮，從此貴腐酒便誕生了！

香檳

之前已經用了一些篇幅介紹了起泡酒，雖然說如今香檳酒已經是名揚四海，但是香檳也有過一段非常坎坷的「成長史」。正所謂「天將降大任於斯人也，必先苦其心志，勞其筋骨……」

香檳曾被稱之為「魔鬼之酒」，那時人們對其嗤之以鼻。百年以前，當時的香檳產區生產的還是靜止葡萄酒，但因為香檳產區地處涼爽型氣候環境，很多時候由於冬天發酵季天氣寒冷，發酵自然終止，酒商們在不知情的情況下將酒灌裝陳放。到了第二年春暖花開之時，瓶內剩餘的糖分便開始蠢蠢欲動，自顧

自地轉化成了酒精並釋放出二氧化碳，然而因為已經灌裝，二氧化碳沒能被釋放出來，而是融入了酒中。導致開瓶倒酒時冒出來好多泡泡，人們匪夷所思，以為是這裏的葡萄酒被魔鬼詛咒，所以當時人們稱這種泡泡酒為「魔鬼之酒」。香檳產區一直到現在為止也還在生產沒有氣泡的香檳酒，只不過沒有帶氣泡的香檳酒那麼大名聲而已。

然而現在回想起來，我們不得不佩服香檳產區酒商市場營銷的功力。他們不僅沒有怨天尤人，也沒有隨波逐流，反而化被動為主動，將其「缺點」宣傳成為「特點」，並將市場「重新洗牌」，乾脆不去背負葡萄酒的光環，重新自我定位，香檳酒就打着慶典用酒、浪漫用酒、婚禮用酒、愛情用酒的旗號橫空出世，在酒類市場中闖出一片屬自己的天地。從此再無人可以搶奪、替代它耀眼的光芒！

如果沒有那個寒冷的發酵季節！如今的香檳產區，也只不過是眾多葡萄酒產區中的一個。

簡單介紹幾個世界出名的香檳酒莊。

（1）酩悅（Moet & Chandon）：為法國最大的酩悅·軒尼詩-路易·威登（LVMH）奢侈品集團所擁有，是LVMH旗下產量最大的香檳酒廠，也是世界上最大的香檳酒生產廠。

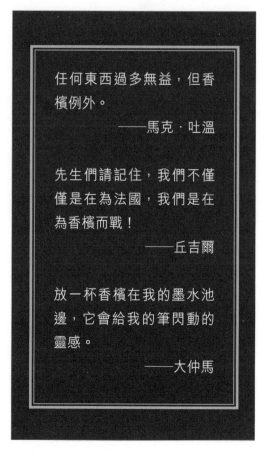

任何東西過多無益，但香檳例外。

——馬克·吐溫

先生們請記住，我們不僅僅是在為法國，我們是在為香檳而戰！

——丘吉爾

放一杯香檳在我的墨水池邊，它會給我的筆閃動的靈感。

——大仲馬

主頁：http://www.moet.com

參觀費：14 歐元（品嘗 1 種香檳），21 歐元（品嘗兩種香檳），26 歐元（品嘗 2 種年份香檳）。

（2）首席法蘭西香檳（Bollinger）：在法國有香檳貴婦人的美譽，是為數不多早先進入英國港口的香檳之一。當時首席法蘭西香檳已經以口味特徵鮮明著稱，它在釀製過程中添加的糖分比其他酒廠要少，在各種甜膩膩的香檳中，乾型香檳的口味明亮脫俗，更使英國皇室對其寵愛有加，欽定其為「御用香檳」。

主頁：http://www.champagne-bollinger.com

（3）巴黎之花（Perrier-Jouet）：其酒莊代表着高貴與優雅，據説，巴黎之花酒莊是美國三大最受歡迎的香檳酒莊之一，美國人會拿其他酒莊的酒送給老闆，但是唯獨將這個品牌的香檳酒送給自己的情人。細膩、高雅、愛情是該酒莊香檳酒所代表的含義。大家可以去它的主頁觀看一下，絕對有一種美輪美奐的情愛味道。

主頁：http://www.perrier-jouet.com

冰葡萄酒

上帝沒有賦予冬天太多的生命，但凡是冬天裏的生命都被人讚美着，比如梅花——「牆角數枝梅，凌寒獨自開。遙知不是雪，唯有暗香來！」雪白之中一點紅的不僅有梅花，還有依舊

掛在枝頭，等待被釀造成冰酒的葡萄。可見上帝對人類還是眷顧的，冬季不但有美景，還孕育了美酒。

冰葡萄酒的官方定義是：全部用新鮮葡萄，在葡萄園裏冰凍着挑選，在沒有人工處理的條件下發酵而成的葡萄酒。用於冰酒生產的葡萄在收穫及壓榨期間必須保持冰凍狀態，最低採摘溫度是 -7℃（《國際葡萄釀酒法規》中規定）。不過各個釀造冰葡萄酒的種植者會根據各自國家的情況做出一點調整。簡單通俗一點說冰葡萄酒就是用冬天採摘的，已經在枝頭結了冰的葡萄，在冰凍的情況下釀製出來的酒。

冰葡萄酒起源於德國，但在加拿大得到了很好的發展。冰葡萄酒的標準，加拿大種植者也進行了很多補充，稱得上是最嚴格的冰葡萄酒標準，甚至其採摘的溫度也要比國際標準低1℃。嚴格的標準，優異的品質，使加拿大冰葡萄酒得到全世界的認可。當然除了政府嚴格把關之外，釀造出優質的葡萄酒更是仰仗了加拿大得天獨厚的寒冷氣候。雖然冰葡萄酒起源於德國，但是由於德國氣候沒有辦法每年都達到冰葡萄酒需要的低溫，所以無法每年都釀製冰葡萄酒，這就給了年年寒冷的加拿大一個成為冰葡萄酒生產大國的機會。

　　當然，釀造冰葡萄酒的各種條件，還遠遠不止上面説到的這些。這些嚴苛的條件，造就了冰葡萄酒的珍貴，據統計，全世界每 3000 瓶葡萄酒中才有 1 瓶是冰葡萄酒。而且，喝過冰葡萄酒的人一定會發現，冰葡萄酒的酒瓶比普通葡萄酒的要細很多，容量基本只有普通葡萄酒的一半。所以如果各位在酒桌上喝的是冰葡萄酒，奉勸大家細細品嘗，可不要上來就乾杯，乾兩次，一瓶冰葡萄酒就沒了，實在可惜。

　　當然這樣的佳釀，也是源自一次因禍得福的意外。有一年德國的冬天，突然冰霜驟降，寒冷的天氣使得成片的葡萄都被冰凍在了枝頭上，酒莊為了減少損失，還是讓釀酒師小心地將葡萄採摘下來，按照傳統的方式釀造。沒想到釀造出來的葡萄酒冰爽怡人，口感濃郁飽滿，簡直是酒中極品，於是，冰葡萄酒就這樣誕生了。

有機葡萄酒

　　前文提過，葡萄酒是由葡萄自然發酵將其糖分轉化成為酒精而得來的，但是這並不代表葡萄酒在發酵、壓榨、澄清等整個過程中，沒有加入人工成分。事實上，從種植開始，葡萄就

有機葡萄酒

有可能接觸到化學肥料、農藥，在發酵的過程中也有可能需要另外加入其他物質，比如酒石酸、糖分等，包括壓榨後澄清過濾時所採用的物質（如蛋白）以及添加的二氧化硫，都屬人工「後天努力」的成分。這些物質對人體無害，只是為了讓葡萄酒呈現出更完美的樣子，可以保存的時間更長。

當今世界，有機的概念開始盛行，有機蔬菜、有機水果、有機牛奶……凡是有機產品，價格和待遇都會高出其他同類產品一等。而在農藥滿天下、食品安全問題層出不窮的時代，有機更被消費者格外喜愛，葡萄酒也不例外。

有機葡萄酒，要求在葡萄種植的時候不能用到化肥和農藥，釀造過程中只使用天然發酵劑、不可以額外加入酸或糖分，使用自然的方法過濾澄清葡萄酒，並且需要嚴格控制二氧化硫的使用。雖然二氧化硫對葡萄酒的製造起到了很大的作用，但是崇尚有機，一切歸於自然的很多人不贊成有機葡萄酒中使用二氧化硫。但也有人認為不必如此「形而上學」，葡萄汁在發酵的過程中本來也會產生二氧化硫，添不添加它都是肯定會存在的，無須苛求。

從有機葡萄酒繼續延伸出現了生物動力學葡萄酒，這個説法往往讓葡萄酒愛好者們有些迷茫。它比有機葡萄酒還要更深一層，更加體現出葡萄酒這種「靠天吃飯」的特性，在葡萄種植的過程中，不僅僅是不使用化肥農藥那麼簡單，還要結合生物界中一些自然規律的變化，比如配合月亮的變化：月虧時，樹液會流向根部，易移植或修剪；而月滿時，則適宜採收。

需要説明的是：有機葡萄酒和普通的葡萄酒在外表上沒有任何區別，只是釀造工藝上少添加化學原料。中國市場上有機葡萄酒還比較少見。

博若萊新酒 [1]

愛酒人士不要錯過博若萊新酒（Beaujolais），這也是我比較欣賞的葡萄酒。我欣賞的是它那打破陳規、標新立異的勇氣和智慧。可能，除了博若萊新酒節，沒有任何一個葡萄酒節是普天同慶的了。

博若萊，算是法國一個比較特殊的產區，從地理上來看它屬勃艮第的一部分，博若萊產區本來是最不被法國葡萄種植者重視的一塊土地，因為它無法種植出可以釀造濃郁複雜、陳放多年葡萄酒的葡萄。但是，博若萊這裏種植的葡萄可以釀造出非常新鮮爽口的葡萄酒，堪稱法國葡萄酒中的一枝獨秀。

1　博若萊新酒，有時也會被翻譯成保祖利新酒，兩個翻譯都是一個意思，本書中均使用博若萊新酒這個翻譯。

不可不知的葡萄品種

　　6 月份，正是開始吃荔枝的季節。最開始是妃子笑，6 月下旬時糯米糍也下來了，與我而言，我更喜歡糯米糍。都是荔枝，卻分了很多不同的品種，有些品種核大，有些核小，有些偏甜，有些偏酸，不同品種的荔枝吃起來味道也相差很多。同理，不同葡萄品種釀造出來的葡萄酒，口感、味道上也會有很大的差別。

　　品種的重要性，在中國的體現還不是很明顯，中國依舊是「牌子時代」，手袋要買路易‧威登（LV），手機要買蘋果，白酒就喝茅台，紅酒就認拉菲，中國多數消費者更願意去相信品牌的質量，也非常享受品牌帶給自己的那份虛榮。然而在外國，除非特意選擇一些享有盛名的酒莊之外，老百姓在餐館喝酒的時候，點名要某某酒莊的葡萄酒反而个多，大部分是點名要某個葡萄品種釀的酒。在日常的葡萄酒飲用中，大家對品種的選擇遠遠多過對某個酒莊的選擇。

每個葡萄酒生產大國，不僅有各自知名的葡萄酒產區，也有各具特色的知名葡萄品種。全世界用於釀酒的葡萄品種有6000多種，不過比較流行的不超過30種，需要大概瞭解的也就10多種而已，而這10多個品種的葡萄酒，建議大家都嘗試一下，然後找出自己喜歡的品種。

紅葡萄品種

紅葡萄有很多品種，分類如下：

紅葡萄最主要的品種	英文
赤霞珠 / 加本力 · 蘇維翁	Cabernet Sauvignon
黑比諾	Pinot Noir
設拉子 / 西拉 / 希哈	Shiraz/Syrah
美樂 / 梅洛	Merlot
歌海娜	Grenache

赤霞珠 / 加本力 · 蘇維翁（Cabernet Sauvignon）

赤霞珠算是在中國最出名的紅葡萄酒品種了，知道的人比較多，這還要得力於有一段時間各國產酒公司爭奪「解百納」這個商標使用權的事情。想必「解百納之爭」[2] 業內人士無一不知，業外人可能都多少有些耳聞，我甚至見到過某位市場營銷專家在文章裏批評某知名葡萄酒公司把葡萄品種註冊為品牌使用，在業界內搞壟斷。很多公司把「解百納」與「赤霞珠」當成一個葡萄品種，因為中國的「解百納」葡萄酒所用的葡萄品種正是赤霞珠。

2　張裕註冊了「解百納」商標，被一些同行起訴，認為「解百納」是 Cabernet 單詞的譯音，而 Cabernet 是葡萄品種名稱的一部分，不應該成為張裕的獨家商標。

Cabernet Sauvignon

赤霞珠的典型特徵

顏色：多呈現為磚紅色。

香氣：有較明顯的青椒、黑加侖等
黑色水果的香氣。陳年後的
赤霞珠還會出現煙熏、皮革
的氣味。

口感：複雜醇厚，單寧豐富。

陳年：這樣的葡萄酒通常富有很
強的陳年潛力。

對於這個問題，我還是支持這家公司的，「解百納」頂多算是「Cabernet」的音譯，而不是赤霞珠（Cabernet Sauvignon）這個品種的音譯，也不是這個品種的中文名稱。解百納並不是一個葡萄品種的全稱，紅葡萄品種中帶有解百納的還有品麗珠（Cabernet Franc）和蛇龍珠（Cabernet Gernischt）。何況赤霞珠、品麗珠和蛇龍珠這三個名字，其中都不包含解百納這三個字。所以取品種中的一個單詞音譯註冊商標，只能說很聰明或是很狡猾，但不能說不合法。

這種類似行為也並不是前無古人的，可口可樂（Coca Cola）這個商標中的 Coca 本身就是一種飲品，其味道都是一樣的。可現在可口可樂做的已經讓人不知道 Coca 本身就是一種飲品了。

赤霞珠，其實是品麗珠這個「當爸的」和長相思這個「當媽的」共同培育的「兒子」。不過這個「兒子」可謂光耀門楣，沒給他們家丟臉。在世界各個葡萄種植地，都能找到赤霞珠的身影，其中最具代表，也是大家都知道的地方，就是波爾多。赤霞珠是波爾多的當家品種，波爾多也是赤霞珠的故鄉。這裏的葡萄酒多是赤霞珠與美樂或品麗珠混釀而成的葡萄酒。包括大家都熟悉的拉菲、拉圖那些名莊。

不在故鄉的赤霞珠，依然表現良好，並且是「單打獨鬥」！在其他葡萄酒產區，它多以單一品種葡萄酒出現，其口感緊實，

往往果味更多，比如澳洲的赤霞珠，在澳洲有一句話説「一個沒有赤霞珠葡萄酒的酒窖，是一個不完整的酒窖。」澳洲的氣候炎熱少雨，赤霞珠得以充分成熟，釀出來的葡萄酒酒精度數高，果香濃郁，單寧豐厚，非常適合一個人的夜晚，拉開落地窗簾，打開音響，慢慢品嘗。還有美國納帕產區的赤霞珠，也已經是享譽世界的高品質葡萄酒的形象，很多頂級的葡萄酒，也都是用赤霞珠品種釀造的，而且往往價格不菲，在世界其他產酒國家，也不乏看到很多高品質的葡萄酒，同樣也是採用赤霞珠這個品種，所以，它之所以可以這麼流行又有名氣，也是有原因的。

王后　黑比諾（Pinot Noir）

如果説波爾多的赤霞珠葡萄酒是「國王」，那麼勃艮第的黑比諾葡萄酒就是「王后」。黑比諾是勃艮第地區的是單一品種。這個被稱之為「王后」的品種，是世界公認的難養品種。與其他葡萄品種比起來，黑比諾非常的嬌氣，從種植開始就體現得淋漓盡致，它不易種植，對環境要求苛刻、怕冷又怕熱、容易感染各種菌病、蟲病，真可謂難養至極。想要把這麼「多愁善感」的品種養大成果、釀製成酒，還真是一個不容易

Pinot Noir

黑比諾的典型特徵

顏色：寶石紅色、橙紅色。

香氣：熟櫻桃、李子等紅色水果氣味；陳年後會出現巧克力、泥土、動物的氣味。

口感：圓潤細膩、單寧順滑、柔軟。

陳年：質量良好的黑比諾具有陳年的潛力。

的事情，所以優質的黑比諾是非常難得的。

與「國王」赤霞珠比起來，「王后」黑比諾的口感就溫柔了許多，高品質的黑比諾口感圓潤，絲滑細膩。與赤霞珠一樣，「舊世界」的黑比諾口感更加複雜，「新世界」的黑比諾果味更豐富，質量上乘的赤霞珠和黑比諾都具有陳年潛質，適合珍藏存放。

與赤霞珠相比，黑比諾算是比較有爭議的品種，也許是因為她嬌柔又多變的「個性」，使一些人沉迷於她的千變萬化，對她愛不釋手，對千金難求的上乘黑比諾更是情有獨鍾，不可自拔。而有些人對於她這種嬌貴的「個性」則是束手無措，望而卻步。

個人感覺，好像男人更適合飲用黑比諾葡萄酒，不僅僅是因為「異性相吸」，也是因為我經常與身邊的酒友分享各自喜愛的葡萄酒時，發現身邊的女性朋友都不是很喜歡黑比諾。不過，不要因為你是女性，看到了我這種說法就放棄黑比諾，說不定你也會和那些喜愛黑比諾的人一樣，對她鍾情無比，這樣難得嬌貴的品種，千萬不要錯過。

親王　設拉子／西拉／希哈（Shiraz/Syrah）

澳洲人應該感到驕傲，不僅非常是因為成功地將設拉子移植在自己的土地上，還成功

Shiraz

設拉子的典型特徵

顏色：紫紅色，深紫色。
香氣：煙燻、黑胡椒、辛辣、甘草、泥土、動物的氣味。
口感：結構緊實，單寧豐富，有深紅色、黑色水果的味道。
陳年：具有陳年的潛力。陳年的設拉子口感更加醇厚。

的將其改名換姓，就像抱養的孩子搖身變成了親生的一樣，最終享譽全球。在法國，它被叫作 Syrah，到了澳洲，它被叫作 Shiraz，其實都是一個葡萄品種。之所以澳洲設拉子可以取得這麼高的成就，要得益於其炎熱的氣候，因為設拉子喜歡溫暖的地方，在涼爽的地方很難成熟。

如果説黑比諾是赤霞珠的「老婆」，那麼設拉子就是赤霞珠的「兄弟」，他們兩個外觀很像，果粒小，果皮深，所以釀出來的葡萄酒顏色很深。不過設拉子的顏色又和赤霞珠有着明顯的區別，年輕的設拉子的顏色呈藍紫色，而年輕的赤霞珠的顏色往往是寶石紅色。設拉子釀成的葡萄酒通常酒體飽滿，單寧豐富，它的獨特之處是帶有非常明顯的辛香、辛辣的味道。也因為其辛辣的特點，非常適合配搭川菜飲用。

設拉子本就是非常流行知名的葡萄品種，澳洲的設拉子更是將它的特點表現得淋漓盡致，成為澳洲經典的葡萄品種，葡萄酒界有一句話：「很難想像這個世界沒有了澳洲設拉子後會是個甚麼樣子。」這句話看起來很好笑，但卻證明了澳洲設拉子在葡萄酒中不可或缺、不可替代的地位。

宰相　美樂 / 梅洛（Merlot）

美樂是個好「員工」，既有良好的「團隊合作精神」，又有「獨立工作的能力」。這句作為個人簡歷中不可缺少的自我評價，用在美樂身上很合適。美樂經常被用於與其他品種混釀，尤其是在波爾多，美樂會經常被用來混入其他品種中釀酒，用來調節葡萄酒的口感，中和單寧過重的葡萄品種。同時，它也可以以單一品種釀製成酒，世界各地的人們都非常喜愛美樂。

Merlot

與黑比諾相反，美樂品種對環境的要求不是很高，只是不耐寒，所以在熱帶產地都有很好的表現。美樂的口感非常柔順，單寧較輕，有紅色水果的氣味。果香濃郁的美樂是初識葡萄酒者不錯的選擇。

歌海娜（Grenache）

歌海娜，與美樂相似，不屬很剛勁的葡萄，可以與其他品種混釀，也可以單一品種釀製葡萄酒。歌海娜葡萄粒大，皮薄，糖分高，酸度低，這使得歌海娜釀成的葡萄酒少有深顏色，但通常酒體非常飽滿。典型的歌海娜葡萄酒都有紅色水果的味道（如草莓、覆盆子），伴隨辛辣的氣味（如白胡椒、甘草、丁香）。陳年的歌海娜，辛辣的氣味會演變為焦糖和皮革的味道。與設拉子一樣，歌海娜需要在炎熱的氣候中成熟。

因為歌海娜的皮薄，用它釀造桃紅葡萄酒非常容易，其釀成的桃紅葡萄酒通常酒體飽滿，為乾性，伴有紅色水果的味道（如草莓），也有些酒體較輕，呈現水果風味，伴有中等的甜度。

歌海娜在世界各地葡萄酒產區廣泛種植，其釀製的葡萄酒最好在它年輕充滿活力的時候飲用。有一些上乘的歌海娜葡萄酒可經過橡木桶陳年增加一些複雜的香氣。

其他紅葡萄品種

品麗珠（Cabernet Franc）

品麗珠是一個「樂於助人」品種，其少有單一品種釀造的葡萄酒，更多的是服務於其他品種。在波爾多，它大多與美樂和赤霞珠配搭；在其他地方，品麗珠也多是以混釀的形式出現；只有在澳洲這種崇尚單一品種的地方才有可能出現單一品種品麗珠葡萄酒。

添帕尼優（Tempranillo）

添帕尼優是西班牙的「貴族品種」，是裏奧哈、納瓦拉這些知名產區的重要葡萄品種。優質的添帕尼優葡萄酒需要在橡木桶中陳年多年後再飲用。其釀造的酒中還有黑色水果、煙熏、香草和皮革的香氣。不過由於添帕尼優葡萄在酸度和糖分上的不足，多半的添帕尼優葡萄酒都會混入其他品種，如前面介紹過的「團隊合作」精神很高的美樂和歌海娜等品種。

皮諾塔吉（Pinotage）

從英文拼寫中就可以看出，皮諾塔吉跟黑比諾有關係。沒錯，它就是黑比諾與另外一個葡萄品種雜交出來的，而且還是專門為了南非產區「研製」的品種，在南非得到了很好的發展。皮諾塔吉呈深紫色，具有很特別的類似橡膠松脂的香氣。2010 年南非世界杯指定用酒中的乾紅葡萄酒，就是用這個品種釀製的。雖說它是黑比諾的「後代」，但是高品質的皮諾塔吉葡萄酒單寧豐富，酒體飽滿，果香濃郁。

佳美娜（Carmenere）

雖然佳美娜是在「新世界」產區發揚光大的，但它卻是一個有着悠久歷史的古老品種，甚至被人懷疑是紅葡萄的祖先。由於法國葡萄種植者不太待見佳美娜，這個品種曾一度瀕臨滅絕，好在智利的種植者挽救了它，並將它釀造出別樣的風味。

仙粉黛（Zinfandel）

新世界產區很少擁有自己的本土品種，美國的仙粉黛卻是其中一個。不過，後來與意大利的普裏米蒂沃（Primitivo）被證實是一個品種，我個人感覺它是「被抱養的孩子」中發展最好的一個，甚至連基因都已經被略微改變了。仙粉黛也是一個「百變女郎」，不僅可以釀製乾紅，還可以釀造半甜葡萄酒、玫瑰紅酒，而且酒精度數非常高，14% 以下的酒精含量甚至會比較罕見，很多都是在 14.5% 以上，有些甚至會高於 16%，這也是這個品種所釀葡萄酒一個很典型的特徵。

佳美（Gamay）

「博若萊新酒來了！」相信看到這裏，大家對這句話已經不會陌生了，沒錯，之前我們説過的享譽全球、普天同慶的博若萊新酒使用的釀酒葡萄就是佳美。所以不用多説，佳美釀造的葡萄酒酒體清爽、有新鮮的漿果味道和紅色水果的香氣，適合在 1 年內飲用，備受大家的歡迎。

桑喬維賽（Sangiovese）

桑喬維賽是意大利種植最廣泛的紅葡萄品種，也是在國際上最流行的意大利葡萄品種，它與內比奧羅（Nebbiolo）被認為是意大利兩大頂級葡萄品種。意大利最知名的紅葡萄酒基昂帝（Chianti）就是用桑喬維

賽釀造的。桑喬維賽釀造的葡萄酒擁有中度到飽滿的酒體，具有明顯的櫻桃、酸棗香氣，口感絲滑輕柔，被稱之為「丘比特之血」。

巴貝拉（Barbera）

巴貝拉是意大利本土經典葡萄品種之一，其釀造的葡萄酒是皮埃蒙特（Piedmont）最迷人紅酒品種排行榜上的第二名。巴貝拉葡萄與歌海娜類似，皮薄顆粒大，單寧含量低，但是酸度非常高，且果香味高。巴貝拉葡萄酒非常適合佐餐，同時它可以在年輕的時候飲用，也可以陳放後飲用。經過橡木桶陳年過的巴貝拉葡萄酒，具備更加穩定的色澤，並有陳年的潛力。

內比奧羅（Nebbiolo）

內比奧羅是一個英雄的品種，之所以這麼説，因為它是釀造皮埃蒙特最知名葡萄酒巴羅洛（Barolo）和巴巴萊斯克（Barbaresco）的品種。其中巴羅洛有着「王者之酒」,「酒中之王」的地位，內比奧羅極具有陳年的潛力，並且只有陳放十幾年後才能展現其真正魅力（有些頂級的好年份，甚至可以陳放 50 年以上），被稱為是世界上最不妥協的葡萄品種。內比奧羅單寧較高，複雜度較高，初學者或許不太適應，但懂酒者必定喜愛。

黑珍珠 / 黑達沃拉（Nero d'Avda）

黑珍珠，我不僅喜歡這個名字、也喜歡這個品種釀成的葡萄酒，它來自意大利西西裏島，西西裏島雖然不是意大利最著名的三個產區之一，但卻是我個人比較喜歡的產區。這裏氣候乾燥，賦予了黑珍珠得天獨厚的生長環境，它的口感與設拉子相似，其釀造的葡萄酒酒體飽滿，有黑胡椒的氣味，有黑色水果味道，具有陳年潛質。

雖然在每個品種中，我寫了產區和國家，但這並不代表這個品種僅僅會出現在對應的這個國家，只不過，這個國家釀造的葡萄酒最優質、最知名或者最本土。

白葡萄品種

白葡萄的品種如下。

白葡萄最主要的品種	英文
霞多麗 / 莎當妮	Chardonnay
雷司令 / 蕙絲琳	Riesling
長相思 / 白蘇維翁	Sauvignon Blanc
賽美容	Semillon
瓊瑤漿	Gewurztraminer

中性魅力　霞多麗 / 莎當妮（Chardonnay）

在白葡萄品種中，霞多麗無疑是最受歡迎的品種，沒有之一。第一是因為它種植廣泛，世界各個種植葡萄的國家和產區，基本上都能找到霞多麗。第二是因為它「能屈能伸」，無論是在涼爽的產區還是在炎熱的地帶，它都可以釀造出讓人欣喜的葡萄酒。第三是因為霞多麗葡萄酒雖然是白葡萄酒，經常可以釀造成口感複雜，酒體飽滿，經過橡木桶陳年的風格，成為頂級品質的白葡萄酒。

相較其他白葡萄品種，霞多麗更中性一些。中性的意思是葡萄本身的果香會少一些，所以在發酵過程中，釀酒師們經常會對霞多麗進行一些處理，讓它可以展現出更多的香氣，比如說使用橡木桶，增加煙燻、烘烤的香氣，或者進行蘋果酸乳酸發酵產生奶油，黃油的香氣，或者進行酒泥接觸產生更多的酵母的香氣等。不同的國家、產區由於不同的氣候條件，釀

chardonnay

造出來的霞多麗葡萄酒也會有不同的口感。在涼爽的產區，它嘗起來會有綠色水果（比如梨和蘋果）和綠色蔬菜（比如青瓜）的味道。在比較溫和的產區，例如勃艮第的大部分產區和一些經典的「新世界」產區，它品嘗起來會有核果的味道（如桃子、杏的香氣）。在溫暖的產區，如大部分的「新世界」產區，它則會表現出有熱帶水果香氣（如香蕉、菠蘿，甚至是芒果和無花果香氣）。

百變女郎　雷司令 / 薏絲琳（Riesling）

Riesling

雷司令也是白葡萄品種當中較為流行的一種，她是比較多變的一個葡萄品種，被稱之為「百變女郎」。她不僅可以釀造乾型葡萄酒，由於是晚收型葡萄，還可釀造半甜型、甜型葡萄酒、貴腐酒或是冰酒。她的百變，讓太多人對她愛不釋手。乾型雷司令葡萄酒，酸度高，有明顯的檸檬、橘子香氣，冰鎮過後，口感清爽，十分開胃，是餐廳中必備的葡萄酒。其陳年後會有蜂蜜和烤麵包的香氣。

雷司令源自德國，目前是德國最主要的葡萄品種，而德國也是品質較好的雷司令生產國，與霞多麗不一樣，雷司令乾白基本上不會經過橡木桶陳放。在「新世界」產區中表現最佳的是澳洲的雷司令，只不過因為澳洲已經有了炙手可熱的設拉子、赤霞珠、美樂等國際認可的品種，遮蓋了不少雷司令的鋒芒，但澳洲人對自己的雷司令葡萄酒卻不會忽視，在餐廳被點的概率極大，很多餐廳購買像桶裝礦泉水那麼大桶的雷司令葡萄酒，很多客人到了餐廳會先叫一杯雷司令，一邊等餐一邊品嘗。不同產區的雷司令有着不同的味道：

涼爽產區：有綠蘋果、葡萄伴有花的香氣，有時也有一些柑橘和檸檬的味道。

　　溫和產區：有柑橘和堅果的酸，橙或白色桃子的味道。

　　熱帶產區：有熱帶水果的香氣，如桃子、杏、菠蘿和芒果的香氣。

詩情畫意　長相思 / 白蘇維翁（Sauvignon Blanc）

　　最美的長相思來自世界的另一個「盡頭」（世界最南的葡萄酒產區）新西蘭，要等到佳人到來，還真是一條漫長的道路，難怪她被叫作「長相思」。長相思，所以她青澀，像竹笋，像發芽的青草；長相思，所以她淡然，稻黃色的舞裙，卻舞出濃郁的清香；長相思，所以她如同野草閑綠，漫步庭間，聞悠悠花香；因為長相思，止於相逢時，所以千萬不要錯過這麼詩情畫意的葡萄酒。

　　這個品種最大的特點是，雖然為白葡萄品種，但是卻有非常明顯的草本植物香氣，如青椒和蘆笋，這應該是基因決定的，她也正是赤霞珠的「媽」，所以難怪赤霞珠的典型香氣中也會有青椒和草本植物的香氣。

Sauvignon Blanc

汴水流，泗水流，流到瓜洲古渡頭，吳山點點愁。
思悠悠，恨悠悠，恨到歸時方始休，月明人倚樓。
　　　　　　　　　　　　　　——白居易《長相思》

賽美容（Semillon）

　　作為白葡萄品種，賽美容屬酸度較低的品種，有時與酸度高的長相思配搭，能生產出味道非常平衡的白葡萄酒。賽美容雖不常見，但卻是波爾多三個法定白葡萄品種之一，在澳洲賽美容也曾經非常流行，其流行的程度一度與雷司令並肩。只可惜後來衝出一匹黑馬——新西蘭的長相思，取代了賽美容的位置。可誰知道在賽美容最流行的時候，還無人看得上長相思呢。時至今日，賽美容還是澳洲重要的白葡萄品種之一，也是世界上常見的白葡萄品種之一。

　　單一品種賽美容釀成的酒酸度低、口感細膩、酒體豐滿，陳年過的賽美容葡萄酒會出現奶油的味道。賽美容除了用來釀造乾白，也會用來釀造甜酒和貴腐酒，會出現蜂蜜和杏的味道。

 瓊瑤漿（Gewurztraminer）

　　長相思、賽美容、瓊瑤漿，比起紅葡萄品種，白葡萄品種的名稱翻譯成中文時似乎更詩情畫意了一點。所謂瓊瑤漿，自是瓊漿玉液，美妙不必多說，瓊瑤漿被稱之為「芳香型」葡萄品種，有濃郁的香氣和強烈的荔枝味道，伴着其他花香、果香，一杯在手，如手持百花，更妙的是，瓊瑤漿酒體飽滿、口感強勁，伴有辛辣的味道，可謂剛中帶柔、剛柔並進，一杯入口，美不勝收。

其他白葡萄品種

灰比諾（Pinot Gris）

　　灰比諾是黑比諾的又一個「親戚」，因為中文翻譯中都有「比諾」，經常會被一些初識葡萄酒的人誤認為是一個紅葡萄品種。雖然灰比諾是白葡萄品種，但或許是因為有着黑比諾的「基因」，它能釀造出酒體豐厚、濃重的葡萄酒，甚至可以配搭紅酒配餐一同食用。同時它也能釀造出清爽活潑的葡萄酒，比如在意大利一些比較涼爽的產區，能釀造清爽易飲的白葡萄酒。

維歐尼（Viognier）

　　經常有人問我喜歡甚麼葡萄品種，如果是紅葡萄品種，我會覺得很難回答，都不錯啊！赤霞珠、設拉子我都喜歡，很難選擇，但當被人問起最喜歡的白葡萄品種時，我會毫不猶豫地回答，那就是維歐尼了。維歐尼，在還沒有「芳香型葡萄品種」這個概念的時候，我就注意到她那極其獨特、濃郁的香氣。有人說是桃子、杏、香水⋯⋯但我真的說不清，只覺得她包含了太多太多的香氣，用一兩個詞彙去形容是遠遠不夠的，與瓊瑤漿葡萄酒一樣，它金黃色的酒體濃郁而豐滿，酸度低。值得一提的是，維歐尼與黑比諾一樣，對種植環境的要求非常苛刻，所以維歐尼很少會有價格低廉的，可謂是天生的矜貴。

玫瑰香（Muscat）

　　玫瑰香，現在更多的叫法是叫麝香葡萄，或者莫斯卡托葡萄品種，雖然它本自跟玫瑰和麝香都沒有關係，是一個芳香型的白葡萄品種。玫瑰香可以被釀造出多種形式的葡萄酒，如起泡酒、甜酒、乾型葡萄酒，通常帶有明顯的葡萄香氣。好玩的是，所有這些 100% 用葡萄釀造出來的葡萄酒中，有花、青蘋果、柑橘、煙熏、烘烤、巧克力等一系列香氣卻唯獨沒有葡萄香氣，而玫瑰香葡萄品種打破了這個怪現象，也算是功臣一枚。

　　雖然這裏介紹的白葡萄品種比紅葡萄品種少，但並不代表實際上紅葡萄品種更多，只是因為目前在中國，人們還是更接受紅葡萄酒，所以選擇紅葡萄酒的自然更多，大家能接觸到的品種中，自然也是紅葡萄酒多一些。

第四節

葡萄酒的釀造過程

有一本書叫作《在那葡萄變成酒的地方》，非常生動、具體、細緻地描寫了釀造葡萄酒的整個過程，從採摘開始一直到釀酒師品酒整個過程，都寫得非常詳細，是一本難得的好書。對葡萄酒釀造感興趣的朋友，可以看看這本書。而作為普通的愛好者和消費者，大概瞭解原理就可以了。

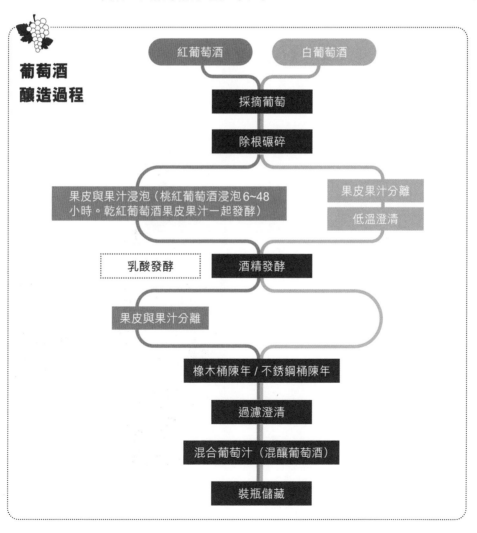

葡萄酒釀造過程

紅葡萄酒 — 白葡萄酒

採摘葡萄

除根碾碎

果皮與果汁浸泡（桃紅葡萄酒浸泡6~48小時。乾紅葡萄酒果皮果汁一起發酵） — 果皮果汁分離 / 低溫澄清

乳酸發酵 — 酒精發酵

果皮與果汁分離

橡木桶陳年 / 不銹鋼桶陳年

過濾澄清

混合葡萄汁（混釀葡萄酒）

裝瓶儲藏

⊨━┤ 乾型葡萄酒

前面提到了乾型葡萄酒的特點，這裏不再贅述。

從上頁的這個流程圖中可以看出，紅葡萄酒、白葡萄酒、桃紅葡萄酒釀造過程的區別，就在這個葡萄皮（也包括葡萄子）上。最快與葡萄皮、子分離的是白葡萄酒，在碾碎過程結束後直接分開，只用葡萄汁去發酵。然後是桃紅葡萄酒，碾碎後葡萄皮和子與葡萄汁在一起浸泡一段時間後分離，再用葡萄汁去發酵。最長的是紅葡萄酒，是葡萄皮、子與葡萄汁一起發酵，葡萄皮和子參與到整個發酵過程，增加葡萄酒的顏色和單寧，直到發酵結束後才會分開。

乳酸發酵，一般在酒精發酵結束後進行，通常也被叫作二次發酵，全稱叫作蘋果酸 - 乳酸發酵。葡萄酒在發酵過程中會產生蘋果酸，蘋果酸會導致葡萄酒本身的口感粗糙，而乳酸菌可以很好地分解葡萄酒當中的蘋果酸，使得葡萄酒口感變得更加圓潤柔和，酸度降低，改善了口感。

混合葡萄汁。這是我最喜歡的環節，雖然我從來沒有參加過。中國人很敏感「勾兌」這個詞，而習慣用「混釀」。其實嚴格意義上來說，用兩種或以上葡萄品種的釀造葡萄酒，並不是把葡萄放在一起絞碎了後混着釀，而是各自釀成葡萄酒之後，再來混合出新的葡萄酒，而這個過程就叫作混合葡萄汁，當然單一品種的葡萄酒就不需要這一步了。

混合葡萄汁的過程就是釀酒師將已經發酵好的葡萄酒按照不同的比例相互勾兌，然後經過反覆試喝、品嘗，從中選出口感表現最好的比例製作成為一款新酒。相比較來說，

乾型紅葡萄酒

「舊世界」葡萄酒生產國的混釀葡萄酒比「新世界」的比例要多些，如法國波爾多的葡萄酒大部分都是混釀，而澳洲的葡萄酒則多為單一品種，甚至很多在「舊世界」從來不會被單一釀製的品種，也會有機會以單一品種葡萄酒的形式出現在「新世界」。

當然，需要瞭解的是，混合指的不僅僅是不同葡萄品種之間的混合，也包括來自不同葡萄園的葡萄，不同的釀造方式，不同的橡木桶中的葡萄酒，甚至不同年份的葡萄酒之間都可以進行混合。

起泡葡萄酒

起泡葡萄酒，如果大家沒有甚麼概念，而且還沒有機會嘗試過，可以想像一下蘇打水或者可樂。都是一個道理，水中有二氧化碳，開瓶時會有一股氣體沖出，入口時嘴中會有泡泡在跳躍的感覺。

起泡葡萄酒，是在葡萄酒完成酒精發酵之後，再在酒中加入或生成二氧化碳，使其產生氣泡，被叫作二次發酵。

起泡葡萄酒的釀造過程

採收	手工採收
碾碎壓榨	取汁
澄清	重力澄清
第一次發酵	10~15 天，釀酒師決定是否要蘋果酸 - 乳酸發酵
瓶內二次發酵	加入糖和酵母。6 周
釀母自溶	15 個月至 3 年
搖瓶	倒立葡萄酒瓶，6~8 周讓沉澱物聚集在瓶口
吐泥	將瓶口 2.5 厘米浸入零下 20℃的液體中，開瓶取出酒泥
補液	補加液體

添加二氧化碳方法	添加方式	用處
瓶中二次發酵法	裝瓶是為了能在瓶內放入糖分使其在瓶中再次發酵，發酵時會生成二氧化碳	香檳葡萄酒，用中性葡萄品種釀造的起泡葡萄酒
罐中二次發酵法	裝瓶前在罐內進行二次發酵，生成二氧化碳	用於芳香型葡萄品種釀造的起泡酒
二氧化碳添加法	酒精發酵結束後，不再進行二次發酵，直接加入二氧化碳	用於價格低廉的起泡葡萄酒

至關重要的溫度

　　溫度是葡萄酒的生命。從葡萄種植，到發芽、成熟、採收，再到碾碎、發酵、木桶內陳年、灌裝、運輸、瓶內陳放，最後到開瓶、飲用。每一個環節都離不開對溫度的依賴和要求。雖然說葡萄酒發酵釀造過程中的溫度控制很重要，因為它決定了葡萄能不能被成功地釀成酒。但是對於葡萄酒消費者、愛好者來說，葡萄酒的儲藏溫度和飲用溫度更加重要。

葡萄酒的飲用溫度

甜酒：6~8℃
起泡酒：6~10℃
輕酒體白葡萄酒：7~10℃
飽滿酒體白葡萄酒：10~13℃
輕酒體紅葡萄酒：13℃
中到飽滿酒體紅葡萄酒：15~18℃

　　首先是儲藏的溫度。同時這又一次能很好地證明「葡萄酒是有生命的」這一說法。生命的過程是一個變化的過程，從青澀到成熟，到巔峰，再到衰退，每一個生命都會經歷這樣的一個周期，葡萄酒也是如此。雖然已經是灌裝好的葡萄酒，但是

在瓶內葡萄酒同樣會經歷一段成熟、巔峰和衰退的過程。過高的儲藏溫度，會加速它的成熟速度，也加速了它的生命進程，並出現不好的氣味。而過於涼爽的儲藏溫度，則會減慢它的成熟速度，在氣溫過低的時候還會出現一些沉澱物，給葡萄酒造成不好的影響（雖然對身體無害）。葡萄酒的最佳儲藏溫度是在10~15℃。通常情況下，藏酒的地方不會只儲藏紅葡萄酒，或白葡萄酒，也不會區分不同空間儲藏。所以，飲用之前，白葡萄酒還需要冰鎮，而紅葡萄酒則需要稍微回溫一點再飲用。

對於飲用葡萄酒的溫度更是要注意，如果一瓶葡萄酒好不容易經過了種植、採摘、發酵、運輸、儲存，到了你的餐桌上，只因這最後一步溫度沒有把握好，而使得葡萄酒沒能發揮出它應有的特色。我想，酒都會流淚了！喝對一瓶好喝的酒，是酒的主人對這瓶酒應該盡到的責任！

紅葡萄酒中最重要的元素單寧受溫度影響很大，在常溫下喝起來口感覺得適中的單寧，在低溫情況下的澀感會更加明顯。相反的，白葡萄酒因為不含或少含單寧，所以在口中收斂的感覺哪怕溫度低也不會明顯，而且低溫可以增加高酸帶來的清爽感，所以多採用較低溫度飲用。另外，有甜度的葡萄酒飲用時的溫度越高，甜的感覺則越明顯，所以甜一些的酒，最好在低溫情況下飲用，不然會覺得有些膩人。

溫度對葡萄酒口感的影響

溫度過高：
甜味增加，單寧的口感減少，酒精感加強。

溫度過低：
甜味的感覺減少，單寧感覺更明顯，澀和苦的口感增強。

葡萄酒品鑒

「空無一人這片沙灘，風吹過來冷冷海岸，我輕輕抖落鞋裏的沙看着我的腳印……」

如果你曾經在品嘗一款葡萄酒的時候，有想像過用這樣一段歌詞來描繪當時的心境、口感、情景，那麼這一章節，你可以跳過了，因為你已經對品酒與描繪游刃有餘、無拘無束了，能有這種《神之雫》（日本葡萄酒漫畫）裏邊才能看到的品酒境界想再變正常都難了！本章節中只介紹正常的品酒步驟。

品酒三部曲

怎麼樣去品酒？甚麼樣的酒是質量好的？這樣的酒有甚麼特點？國際上有一套比較統一的做法，分為三步，看、聞、品。

看，看酒的顏色，看酒的清晰度，看酒與杯子接觸邊緣的過渡色，看酒在杯子上的掛杯。如果知道是哪一種葡萄釀的，有些人通過顏色就可以看出葡萄酒的年齡。如果不知道是哪一種葡萄釀的，看顏色也可以大概確定出葡萄的品種。

看

聞，聞葡萄酒，一般要在酒杯中晃一晃，然後將鼻子靠近，去聞有哪種香氣、氣味的強度和複雜度（果香以外的其他香氣）。有的時候，一瓶好酒在打開瓶蓋的那一瞬間，整個屋子都可以聞到酒香。有些人通過聞氣味，就可以確定釀酒葡萄的種類（大部分單一品種的葡萄酒通過顏色與氣味就可以確定它的品種）。當然氣味除了可以確定所用的葡萄品種，還可以根據香氣的複雜度和強度來確定葡萄酒的質量。

品，品葡萄酒的味道，品它的口感（酒的平衡度、強度、複雜度、酒精含量、餘味的長度、單寧含量，總稱葡萄酒的口感）。有些人可以品出來很多，品種（包括勾兌過的品種）、質量、年份、酒莊、葡萄園等。有個誇張的說法，品酒大師甚至可以品出喝的酒是由哪片葡萄園中哪一行葡萄釀造的，的確很誇張，不過也不是完全不可能。

　　國際通用品酒規則到這裏就介紹完畢了。每一個接受葡萄酒基礎知識培訓的人，都會學習這一步，所以，我也把這三個基礎步驟列舉在這裏。但是，我認為有兩種人大可不必用這樣的方法品酒。第一種人是初識葡萄酒的朋友們，剛剛接觸葡萄酒的人，馬上就讓他們瞭解描述葡萄酒的具體詞匯，很大程度上會限制了他們對葡萄酒的瞭解。另外，剛剛開始喝葡萄酒的人，很少會懂得欣賞單寧飽滿、強度高、複雜度高這種國際上公認的優質葡萄酒，更多的人會喜歡花果香更明顯的酒款。而且本來也是這樣的，並不是得分高的酒，就是適合每一個人的酒，剛接觸葡萄酒的人更可以隨心所欲，不要在一開始就被這些條條框框約束住了，而懷疑自己的品位。

第二種人是已經對葡萄酒非常熟悉了，喝葡萄酒對他們來說是一種享受，品酒成了一種穿梭於各種味道之間的暢遊。對於這個層次的愛好者來說，那些簡單的品酒詞匯，顯然已經不足以用來描述他們對某一款酒的感受了，這樣的人更可以隨心所欲，他們可以把品酒詞寫成一首詩、甚至聯想成為一個故事、一種感覺，或一個人……

入門階段是短暫的，要達到可以「隨心所欲」的境界是需要一段時間修煉的，所以大部分人還是需要用傳統的方法訓練對各種氣味的分辨能力，需要多嘗試各個國家的各種酒款，正確使用品酒的描述詞匯，慢慢累積品酒的經驗。當然，還有一種較捷徑的辦法，就是多喝，喝多了，自然也就對各種酒的味道熟悉了。

葡萄酒的 12 大香氣

- 花香
  Floral
- 果香
  Fruity
- 辛香料香
  Spicy
- 草本植物香
  Herbaceous/
  Vegetative
- 木香
  Woody
- 堅果香
  Nutty
- 焦糖香
  Caramelized
- 微生物氣味
  Microbiological
- 土質氣味
  Earthy
- 化學藥味
  Chemical
- 刺鼻性氣味
  Pungent
- 氧化氣味
  Oxidized

聞香識酒

品酒，也許很多人的第一個感覺是用嘴、用舌頭，是「喝」這個動作，而我當初學習品酒的時候，總是感覺葡萄酒的氣味更獨特一些，所以我用更多的時間在「聞」這個動作上，但那時我不知道自己的這個想法是否正確，直到老師告訴我這是對的。

為甚麼品酒更重要的一步是聞，更重要的感知器官是鼻子呢？

因為從顏色上，紅葡萄酒不過就是從深紅到深紫色系，年份長的一些可呈現栗色。白葡萄酒主要以黃色為主，或深一些略接近金黃色，或淺一些接近稻草黃色。從味覺上，舌頭可以辨別的味道不過 4 種，甜、鹹、酸、苦，舌尖為甜，舌前兩側為鹹，舌中兩側為酸，舌根中間為苦。且品嘗這一步驟還是由味覺與嗅覺系統合作共同完成的。

一篇獲諾貝爾獎的研究發現，嗅覺系統由將近 1000 種不同基因編碼的嗅覺受體基因群組成，這些基因群交叉組合可分辨並記憶 1 萬多種氣味。遠遠超過視覺和味覺可以分辨的程度。

葡萄酒的香氣主要分為三類：來自葡萄品種本身的一類香氣。發酵過程產生的第二類香氣和在橡木桶陳年或瓶內陳年產生的第三類香氣。

分數—— 葡萄酒也要考試

在葡萄酒的評分制度中，常見的是 100 分制和 20 分制。最常見的百分制評分雜誌分別是：WS〔《葡萄酒鑒賞家（Wine Spectator）》雜誌〕；WA〔《葡萄酒倡導者（Robert Parker's The Wine Advocate）》雜誌〕；W&S〔《葡萄酒與烈酒（Wine and Spirits）》雜誌〕；WE〔《葡萄酒愛好者（Wine Enthusiast）》雜誌〕。最常見的 20 分制多見於英國和澳洲。

分數的作用是很大的，對於酒商來說，分數可以決定酒款的選擇，商家都喜歡選擇有分數且分數較高的葡萄酒來賣，所以有分數、高分數的葡萄酒會獲得更多商家的選擇，讓更多的人認識。賣酒時，這個分數與學生考試分數作用差不多。高中一個年級，那麼多學生，大家一起學習、上課、完成同樣的作業，拉出去站成一排，個個也都是有鼻子有眼的，大學校長無法決定該錄取誰，總不能跟每一個學生去談心，花太多時間去瞭解了之後再決定錄用誰。所以出現了考試的制度。

葡萄酒的分數也是一樣。酒款太多了，排成一排大小長短都差不多。要想不用花費時間去品嘗，而快速瞭解每一款酒的質量及口感情況，最好的辦法就是查看葡萄酒的分數。不過，與高考不同的是，不是每一款酒都有分數，也不是所有分數都有相同的標準。

對於葡萄酒愛好者、購買者來說。分數是一種「記憶」，當我們品過一款酒，如果不對比，不做任何記錄，喝過之後對酒的感覺會慢慢忘卻。日常人們很少有機會同時喝幾款葡萄酒去做對比。所以葡萄酒愛好者們，會習慣品酒時做簡單的品酒筆記，給這款酒一個總體感覺的分數。這樣就可以客觀地記住當時對這款酒的感覺了。

目前最具世界影響力的品酒人是羅伯特‧帕克（Robert Parker），他是《葡萄酒倡導者》雜誌的酒評家，也算得上是葡萄酒界中最著名的人。他曾經被要求在節目現場品嘗他曾經品過的 10 款酒並給出分數，結果 8 款酒都與他曾經給出的分數相同。他的舌頭和鼻子基本上是行業內的一把標尺。不知道有沒有保險公司樂於給他的舌頭和鼻子投保，價值應該不菲。當然《葡萄酒倡導者》中並不只有羅伯特‧帕克一位酒評家，每位酒評家會分別負責不同的國家和產區。值得一提的是，羅伯特‧帕克原來是一名律師，20 歲之前他只愛喝可口可樂，1967 年的聖誕節，他赴法國與女朋友帕特里夏（後來的妻子）一起渡假，當天晚餐時，帕克第一次喝葡萄酒，從此便愛上了葡萄酒。1984 年 3 月 9 日，他辭去了法律顧問助理的職務，開始致力於葡萄酒的寫作。葡萄酒這個東西，只要開始喝了，甚麼時候都不晚！

其他 100 分制評分體系的標準與 WA 評分體系有微小的區別，但是大體上分數所代

WA（《葡萄酒倡導者》雜誌）評分體系

評分	詳細說明
96~100 分	極好：酒體豐富，層次多樣，有該品種釀造出最好的葡萄酒所期望的所有特徵
90~95 分	傑出：酒體平衡，具有特殊的層次性以及該品種的特徵，是非常出色的葡萄酒
80~89 分	很好：比一般好酒顯得更加突出一些，有不同程度的風味，沒有明顯缺陷
70~79 分	一般：一般水平的葡萄酒，風格簡單
60~69 分	不好：低於一般水平的葡萄酒，有明顯缺陷
50~59 分	低質：不及格

表的質量差不多。基本上 70 分以下的酒在市場上是很少見的，因為，即便是有很多酒是 70 分以下的，酒商也不會把這麼不給力的分數拿出來展示。能見到分數的，大部分都是 80 分以上的葡萄酒。除了 100 分制，20 分制評分體系也十分常見，個人認為更好用，我私下品酒及與朋友同事之間交流都是使用 20 分制。如今 100 分制更流行，但實際上 20 分制的成形早於 100 分制。我曾看到雜誌上説 20 分制目前多用於「舊世界」葡萄酒。只是，我們現在看到的很多「舊世界」葡萄酒都是 100 分制的，反倒是在澳洲的葡萄酒有時用的是 20 分制。

　　20 分制評分體系將葡萄酒的各項指標分配成具體的分數，比如簡單一些的傑西斯・羅賓遜（Jancis Robinson）評分體系，顏色和外觀佔 3 分，香氣佔 7 分，口感佔 10 分。還有比較具體一些的，如加利福尼亞大學戴維斯分校（UC DVIS）評分體系，外觀佔 2 分、顏色 2 分、香氣 4 分、酸度 4 分、甜度 1 分、苦味 1 分、酒體 1 分、風味 1 分、單寧 2 分、總體質量 2 分。我認為剛接觸葡萄酒並且想要記錄分數的愛好者，可以使用 20 分評分制。因為具體項目對應具體的分數，評起來會更容易一些。不過，我個人感覺傑西斯・羅賓遜的有點太概括，而加利福尼亞大學戴維斯分校的又太過具體了。

所以，可以嘗試下面這種分配方式：

項目	分數	分數細分
外觀和顏色	2分	澄清度 1、顏色 1
香氣	6分	強度 2、複雜度 2、香氣 2
口感	10分	強度 2、複雜度 2、平衡度 2、單寧 1、持久度 1、香氣 2
總體感覺	2分	-

等級劃分：非常出眾 18~20 分；品質優秀 15~18 分；可以銷售 12~15 分；
有缺陷 9~12 分；不及格 9 分以下。

　　需要説明的是，上面這個評分體系，是我和公司員工進行品
酒培訓或者為公司挑酒時使用的，分數基本是平均分配給每一項
葡萄酒應有的表現，並沒有明顯的側重點（其實也有，稍微側重
了一下葡萄酒的強度和複雜度）。當你用於自己品酒記錄時，完
全可以根據自己的喜好對分數進行調整。比方説，有人喜歡單寧
豐富的葡萄酒，可以增加單寧的分數比例。縮小其他你不是很喜
歡或者不看重項目的分數比例。再比如，你更喜歡經過橡木桶陳
年過，有橡木風味的葡萄酒，也可以把這一點加入到分數的分配
中。又或者説，你根本就不在乎外觀和顏色，同時又喜歡果味豐
富的酒，也可以減少外觀和顏色的分數，增加果香的分數比例。
這樣，你就更容易從記錄的分數中知道，自己更喜歡哪一款酒。

　　不一定國際上評分最高的葡萄酒，就是最適合你口感的。品
酒時最重要的還是從中挑選出你最喜愛的葡萄酒，所以，根據自
己的口感制定評分標準也未嘗不可。

　　當然，除了 100 分與 20 分制外，還有其他的一些評分體系，
比方説星級評分體系，與星級酒店一樣，給酒分為五個星級檔
次，五星為最好等級。

▶━┥ 如何寫品酒筆記

　　看（Appearance）：好的葡萄酒外觀應該澄亮透明（深顏色
的酒可以不透明，1 分），有光澤，色澤自然、悦目（1 分）。

聞（Nose）：取決於香氣的強度、複雜度、純粹感（4分），香氣應該是葡萄的香味（果香、花香、植物香氣等）、發酵的酒香（菠蘿、香蕉、荔枝、香瓜、蘋果、梨子、草莓、杏仁、桃子、蜂蜜、酵母、桂皮等氣味）、陳年的醇香（蘑菇、雪松、甘草、皮革、烤麵包、榛子、焦糖、咖啡、黑巧克力、煙熏、礦物質、泥土等氣味），這些香氣應該平衡、協調、融為一體（2分），香氣幽雅、令人愉快。

品（Taste）：好的葡萄酒口感應該是舒暢愉悅的，各種香味應該細膩、柔和、酒體豐滿、完整（3分），強度、複雜度較高（4分），有層次和結構感，果味、單寧、酒精、酸度、甘油、糖分均衡（2分），餘味綿長（1分），酒的總體質量水平或陳年潛力（2分）。

很多葡萄酒愛好者都知道喝酒要做品酒筆記，但是説起來容易，做起來麻煩，很多人都不知道應該寫些甚麼。其實看過之前評分標準的介紹，心裏應該有一個大體的概念了。這裏有一個品酒筆記的表格（見63頁），大家可以根據這個例子，在表格內具體記錄下來你喝某一款酒時的真實感受。

這個表裏所謂的強度和複雜度，可能有些朋友不太明白怎麼去衡量。強度指的是當你聞上去或者喝的時候，酒香是不是很強烈，是屬那種離得很遠就可以聞得到，還是需要使勁去搖、湊近鼻子也很難聞到的。一般來說，有屬葡萄品種應該表現出來的香氣，且強度高的葡萄酒更會受到大家認可。

　　複雜度，指的是葡萄酒的氣味複雜，如果葡萄酒富含水果味道以外的香氣，如橡木味、煙熏味、蜂蜜味、胡椒味、甘草味、皮革味、礦物質等，那麼則說明這款葡萄酒的複雜度較高。如果只能聞到水果的香氣，則複雜度較低。一般來說，除了臭雞蛋味等不良氣味，複雜度高的葡萄酒被認為品質和口感會更好一些。當然，這也因人而異，有些人或許就喜歡果香味十足的葡萄酒，而排斥其他太重的味道。

　　另外還需要在表格的上方註明葡萄酒的基本信息，如酒莊、酒名、國家、產區、品種、年份和酒精含量。

品酒筆記的表格

看 Appearance

顏色：
澄清度：
其他：

聞 Nose

強度：
複雜度：
描述：

品 Taste

強度：
複雜度：
橡木味：
單寧：
酒體
酸度：
餘味：
平衡度：
描述：

評分

酒號：

看：/6　聞：/6　品：/12
總：/20

品酒筆記的例子

看 Appearance

顏色：
澄清度： 乾淨｜不乾淨｜渾濁｜明亮等
其他：

聞 Nose

強度： 弱｜中｜強
複雜度： 不複雜｜中等｜複雜
描述： 有沒有橡木味道其他氣味
描述，例：櫻桃味、檸檬味、青草味、胡椒味、辛辣味、葡萄、蘋果、杏仁、蜂蜜、甘草、皮革等

品 Taste

強度： 弱｜中｜強
複雜度： 不複雜｜中等｜複雜
橡木味： 有｜無｜輕｜重
單寧： 有｜無｜輕｜重｜滑｜澀
酒體： 輕盈｜中等｜飽滿
酸度： 低｜中｜高
餘味： 短｜中｜長
平衡度： 不平衡｜較平衡｜平衡
描述： 其他味道描述：例：紅色水果、果醬、堅果、烤麵包、香草等。

葡萄酒的總體感覺、評價。

評分

酒號：

看：/6　聞：/6　品：/12
總：/20

葡萄酒的名片——
認識酒標

酒標——葡萄酒的名片、葡萄酒的衣裳，甚至是葡萄酒的身價！

瞭解酒標是瞭解葡萄酒的一個開始。無論是在選擇、購買，還是品嘗葡萄酒時，酒標都是這款葡萄酒的第一手資料。

酒標的作用和組成部分

葡萄酒的酒標與人的名片作用大致相同，甚至比人的名片作用還要大。人還可以從他的相貌、衣著、談吐猜出個大概，葡萄酒則更加神秘一些，絕大部分的葡萄酒除了凹槽和瓶子上有些許差別之外，基本再看不出來甚麼了。如果沒有酒標，真的很難瞭解關於葡萄酒的任何信息。

先看下比較平實的葡萄酒名片。

酒標

公司 Logo

酒的名稱

年份

葡萄品種

產區

英文背標

中文背標
（簡體字版本）

　　一些「舊世界」國家，對酒標上的信息有相關要求並制定了法規，比如說，必須標明產地、年份、葡萄品種等，再比如說某葡萄品種必須是佔到85%以上的比例才可以用「單一品種」字眼標註在酒標上。「新世界」國家，對於酒標內容的規定會比較寬鬆，酒標的內容和樣式創作發揮的空間很大（有一家酒莊出了以歷史人物頭像為酒標的酒款），有些可能只是一些簡單圖案，也有些更抽象甚至更離譜的都有可能。因為商家們非常明白「人靠衣裳酒靠標」的道理，一排葡萄酒看過去，酒和酒之間也就只有酒標可做區分，若不能吸引人，那就連被品嘗的機會都沒有。假設把拉菲葡萄酒的酒標換作其他毫無名氣或者自己製作打印的酒標，同樣會無人問津，反過來，把其他品質一般的酒貼上拉菲的酒標，就可以賣到成千上萬的價錢。這不是開玩笑，否則，拉菲葡萄酒的消費量怎麼會比拉菲酒莊的產量要多上幾十倍？可見酒標的重要性！

　　大致來說，酒標上的內容包括：酒莊名、公司Logo、酒名、葡萄品種、產區、國家、級別、灌裝信息、年份、酒精含量、容量、甜度等。除了正標外，酒瓶背面會有一個更詳細的標籤，這種正背標的配搭也如衣服的標籤一樣。酒的背標信息含量不一定比正標多，但往往會看起來比正標文字要多，大多數會寫一些酒的口感、酒莊、葡萄園或者釀酒師的信息。原裝進口葡

萄酒一般正標都是原裝的，而酒的背標，根據國家的規定，需要在原裝背標上貼有進口國家文字的背標。所以我們在超市、專賣店買葡萄酒的時候，會看到酒背標上有中文。而這個中文背標在尺寸、字體、字大小、間距上都有詳細的規定，例如「包裝物或包裝容器最大表面面積大於 20 平方厘米，強制標示內容的文字、符號、數字的高度不得小於 1.8 毫米……飲品酒的淨含量一般用體積表示，單位：毫升或 mL（ml）、升或 L（l）」（詳細內容可以在網上查找《預包裝飲品酒標籤通則》）。

對於葡萄酒愛好者而言，背標的規定與我們享用葡萄酒沒有太大的關係。不過，瞭解背標的規格有助於消費者在選購酒的時候區分真酒、假酒和水貨。雖然這不是百分之百的可以區分的辦法，但的確有很大一部分水貨和假的進口葡萄酒在背標上做得不那麼規範。我曾經見過「很水」的奔富背標，酒是不是假的不得而知，但是中文背標就是一張普通打印紙打印出來的紙條，上面用很小的字寫着一個公司名稱和地址，很不正規。建議大家還是要到正規的經銷商或者代理商處選購葡萄酒，不要以為水貨就會便宜很多。那些賣水貨的人不過是想給自己更大的利潤空間，而不是給消費者更多的利益。如今新西蘭葡萄酒進口已經實現零關稅，慢慢發展，我相信會有越來越多的國家的葡萄酒可以降低進口關稅。

　　説到酒標，就不得不説世界上最有藝術氣息的酒標——法國波爾多木桐酒莊的酒標。木桐酒莊在 1924 年就聘請立體藝術家讓·卡路（Jean Carlu）設計酒標，並使用了 20 年，1945 年二戰結束後，木桐酒莊開始每年邀請一位藝術家為其設計酒莊的酒標。其中有兩年（1996 年和 2008 年）是由中國藝術家創作的。這樣做可以讓大家對產品（或產品的某一部分）形成一種收集習慣，甚至有了收藏的慾望，這樣的產品想不賺錢都不行了。

如何辨別真假拉菲酒標

大拉菲

　　拉菲葡萄酒在中國是家喻戶曉的品牌，雖然這兩年價錢降了不少，但仍然是愛面子的人最愛的選擇。在拉菲降價後我還接到過一個電話，個人購買，開口就要 30 瓶，我問其他名莊酒行不行？對方回答：不行，只要拉菲。

　　我曾經在微博中調侃，看到一則新聞報道拉菲（大拉菲加小拉菲）年產量最多的時候是 5 萬箱！分到中國的更是少數，但是中國每年拉菲的銷量能有 50 萬箱。拉菲已然成了國產品牌！這句玩笑説完沒多久，拉菲在山東就建立了酒莊，建立了沒多久，當我再一次瀏覽葡萄酒新聞時，偶然發現拉菲酒莊的新聞被很顯眼的歸在了「中國資訊」欄目裏。不知是網絡編輯有意為之，還是無心之舉，總之拉菲，如我所説，越來越接地氣了。

　　中國拉菲的造假指數，按照道行深淺可分為三個級別：

　　最「低級」的一種，讓人看了忍俊不禁，但市場上的的確確有這樣的產品，曾經還有同事收到的禮物就是假拉菲，不僅酒標與真拉菲的酒標相差十萬八千里，就連酒的中英文名字，

真假小拉菲
（左假、右真）

都與拉菲酒莊有些許差別。看上去很像，中文名中也有拉菲兩個字，但其實與拉菲酒莊完全沒有任何關係，可以說它是在「打擦邊球」，借着拉菲的名氣賣而已。但其酒標上卻真真切切放了拉菲羅斯柴爾德集團的五劍標誌，我實在想不通，既然酒標和名字都已經表明了是在針對那些對拉菲絲毫不懂的傢伙，何必還要放一個拉菲的標誌在上面？比較讓人擔心的是這種酒在市面上的價格最少要在 2,000 元以上，但是成本應該也就是 5~20元，稍微有點良心的，裏面放點從其他「新世界」國家進口的原漿，沒良心的裏面放點甚麼都有可能。不過稍微留心一點，

到網上查些資料，就能很輕鬆地辨別出來（這款酒至今為止在中國市場上依舊很活躍）。

不太好辨認的是「中級」偽裝型，這類製造商針對瞭解拉菲酒標的人群，採用與拉菲酒莊一模一樣的酒標，自己印刷灌裝貼標，然後再拿出來賣。如果不仔細看，或者如果消費者不完全瞭解拉菲葡萄酒酒標以外的其他細節，那麼這樣的「拉菲酒」看上去與真的相差無幾，騙人成功率極高。我認為這樣的酒最是缺德，成本與「低級」的那種一樣，幾元錢到十幾元錢而已，但是卻可以賣到與真正拉菲一樣的價格，幾千甚至到幾萬都有可能。若裝成是 1982 年的拉菲，就算它成本是 5 元，也可以賣到 5 萬元，可謂真正意義上的一本萬利。所以，也不難理解，為甚麼那麼多人在賣假拉菲酒了，這樣好賺的錢，絕對對道德誠信是一個挑戰。不過，如果多加瞭解拉菲葡萄酒的其他細節，仔細去辨認，這種山寨「拉菲」還是可以辨認出來的，比如真正的拉菲酒標的顏色沒有那麼黃，圖片質感也會更高。

2008 年
拉菲

最讓人無奈的就是「最高境界」的假拉菲，製造者從網上或其他渠道購買回收拉菲酒瓶，用這些真酒瓶倒入其他葡萄酒，再被當作正品拉菲的價格賣出去。拉菲葡萄酒瓶，根據年份的不同，價格也會不一樣，這瓶（右圖）是 2008 年的，賣 300 元，若是 1982 年的，則可以賣到 2,000 元甚至是 3,000 元。所以在這裏我也小小建議一下，有能力喝到真拉菲的人，一定也不會差那點錢，瓶子不要隨便贈人，自己留着珍藏好了。中國的真酒本來就不多，只要喝的人不讓酒瓶流傳出去，這樣的「面子拉菲」就會越來越少。

如何辨別拉菲真偽，首先從瞭解拉菲葡萄酒開始，最簡單的辦法是去瀏覽拉菲的官方網站〔http://www.lafite.com/chi（中文版的），或者直接在搜索引擎中搜索拉菲官方網站即可〕。在首頁即可查看到，拉菲羅斯柴爾德集團的所有酒莊，拉菲古堡只不過是其中的一個酒莊。

當人們說到拉菲酒的時候，大部分指的只是波爾多酒莊中拉菲古堡的兩款，大拉菲（拉菲正牌酒）和小拉菲（拉菲副牌酒）。所謂副牌酒，是指當某一年份，或某些葡萄，或某些產地達不到釀製拉菲正牌酒的要求時，則被用來釀製拉菲副牌酒。當然，這也是要符合一定質量要求的，所以大小拉菲的價格均不菲。另外，拉菲傳說、拉菲傳奇，經常會被一些不瞭解情況的營業員介紹成為拉菲副牌酒，所以請酒商們認真培訓營業員，也請大家學會鑒別，拉菲傳說、拉菲傳奇和拉菲副牌酒的酒標相差甚遠，並不易混淆。

從 2009 年份起，拉菲古堡的每一款酒在封瓶處都會貼上 Prooftag 氣泡防偽標籤（副牌酒從 2010 年份開始使用），一些年份早但在 2012 年 2 月份之後才運出的拉菲酒瓶上也有使用。防偽標上的代碼為字母和數字的組合，消費者可以登錄拉菲官方網站檢驗，在輸入字母和數字組成的代碼後，與其相對應的氣泡代碼則會出現在屏幕上。經驗證一致的氣泡代碼和一個完整且與酒瓶黏貼完好的密封章可以確保葡萄酒的真實性。

拉菲羅斯柴爾德集團名下的酒莊

波爾多酒莊

拉菲古堡 Chateau Lafite Rothschild
杜哈米隆古堡 Chateau Duhart-Milon
萊斯古堡 Chateau Rieussec
樂王吉古堡 Chateau L'Evangile
卡瑟天堂古堡 Chateau Paradis Casseuil
岩石古堡 Chateau Peyre-Lebade

其他產區酒莊

奧希耶古堡 Chateau d'Aussieres
巴斯克酒莊 Vina Los Vascos
凱洛酒莊 Bodegas Caro

拉菲羅斯柴爾德集團精選系列

傳奇系列 Legende
傳說系列 Saga
珍藏系列 Reserve Speciale

拉菲 Prooftag
氣泡防偽標籤

拉菲酒標
及名字

至於那些沒來得及使用這個防偽方式的拉菲酒，可以通過以下三個辦法進行簡單地辨認：

第一，看酒的名稱。拉菲正牌酒的英文是：CHATEAU LAFITE ROTHSCHILD（全部都是大寫），拉菲副牌酒的英文是：CARRUADE de LAFITE（中間的 de 為小寫）。2000 年份之後的拉菲酒標採取絲印技術，酒標有凹凸感。而仿製品的酒標，有些在印刷過程中，因印刷廠打字的工人受教育程度偏低，很有可能把英語當中的某一個單詞打錯，甚至，有些酒商故意在不顯眼的部分做出細微差別以備萬一東窗事發也可以將自己撇清。

第二，看酒塞、封瓶。酒塞一面是年份，一面是圖案，頂部沒有圖案。封瓶蓋是拉菲古堡的標誌。

第三，看酒瓶。正常年份的酒瓶沒甚麼可説的，我們説説特殊年份的酒瓶。1985 年的拉菲酒瓶上有哈雷彗星的圖案和 85 年字樣，1996 年份以後的有 Rothschild 家族標誌，五箭中間有 Lafite 字樣。1999 年的酒瓶有 99 字樣並印有日和月的圖案（也有説是日全食圖案），2000 年份的五箭中間寫的是 2000。2008 年為了紀念在中國設立酒莊，酒瓶上刻有 2008 字樣並在下面有一個紅色的「八」字（見 69 頁圖）。

不過最靠譜的購買方式，還是選擇可靠的經銷商、代理商。在購買時不要只看價格，購買前要認真辨認。能購買得起拉菲的人，往往都不缺錢，即便花個幾千幾萬元買了個拉菲酒標，也許對經濟沒造成太大損失，但你無法知道那些無良商人在裏面放了甚麼東西，會不會喝出毛病來。

瞭解「新、舊世界」的酒標差異

「新、舊世界」葡萄酒的酒標會存在一些差別，一般來說，「舊世界」對酒標的要求會比「新世界」更具體一些。「舊世界」更注重產地，「新世界」更注重品種，有些「舊世界」葡萄酒的酒標上可能沒有標明葡萄品種，不過也有些「新世界」的葡萄酒酒標上可能甚麼都沒有。總括來說，「舊世界」酒標多會更中規中矩一些，「新世界」酒標更新鮮大膽一些，但現在中國市場能見到的「舊世界」葡萄酒「沒有規矩」的酒標也越來越多了。

這兩張酒標，分別是來自「新世界」澳洲和「舊世界」法國的代表型酒標。「新世界」的酒標會把葡萄品種標記在比較明顯的地方（很少會不標葡萄品種，如果沒有標記，可能是很多葡萄品種的混釀），如這款澳洲酒的酒標，就在比較明顯的位置上標註了葡萄品種為赤霞珠。

新世界代表型酒標

舊世界代
表型酒標

　　而比較典型的「舊世界」葡萄酒酒標，則是會把產區標記在相對明顯的地方，尤其是法國。很多法國酒選擇不標記品種，因為他們的每一個法定產區都會有對應的法定葡萄品種，所以瞭解葡萄酒的人，只要一看到標記的產區，自然就知道對應的葡萄品種是甚麼了。如這款法國波爾多右岸聖艾米隆產區的葡萄酒酒標，一看到 SAINT-EMILION 這個產區標誌的時候，就知道這個產區在波爾多右岸，而波爾多右岸則普遍是以美樂為主，並且與赤霞珠混釀的葡萄酒，但是上述葡萄品種，並不會標記在酒標上。

　　需要注意的是，並不是所有「舊世界」都這樣，法國大部分地區的酒莊不會在酒標上標記葡萄品種，只有朗格多克地區和阿爾薩斯產區例外，會把品種標記在酒標上。意大利屬一半一半，意大利一部分的葡萄酒用產區命名，或者品種加產區命名，那麼酒標上就只會標記出被命名的名字比如説基安蒂紅葡萄酒（Chianti），而對應的葡萄品種是桑嬌維塞（Sangiovese），但往往葡萄品種不會標記在酒標上。而意大利另一部分沒有嚴格產區與品種對應要求的地方，很多葡萄酒會選擇把品種標記在酒標上。其他的「舊世界」國家的酒莊比如德國、西班牙，會選擇把品種標記在酒標上，因為他們並沒有嚴格地講產區與葡萄品種對應。

常用的葡萄酒詞匯

▶━┤ 列級酒莊（名莊酒）、1855 年分級體制

　　1855 年的巴黎世界博覽會，為了向全世界展示法國葡萄酒，當時拿破侖三世要求向全世界推薦波爾多的葡萄酒，因此波爾多商會致函葡萄酒經紀人工會，要求他們提供一份本地區紅葡萄酒全部列級酒莊名單，盡可能詳細和全面，要明確每個酒莊在五個級別中的歸屬及其位置，這一分級體制被稱之為「1855 年分級體制」。在這個分級體制中，列入這五個級別中的酒莊，被稱之為列級酒莊，也就是大家嘴裏常説的名莊酒，一級酒莊包括：拉菲酒莊、拉圖酒莊、奧比昂酒莊、瑪歌酒莊、木桐酒莊，其中木桐酒莊 1855 年時並沒有被列入一級酒莊，它經過幾十年的努力，才被「晉升」到一級酒莊的家族中。

1855 年
所有列級
酒莊酒

二級酒莊

布朗康田酒莊 Chateau Brane-Canten

愛士圖爾酒莊 Hateau Cos D'Estournel

寶嘉龍酒莊 Chateau Ducru-Beaucaillou

杜霍酒莊 Chateau Durfort Vivens

拉路斯酒莊（金玫瑰酒莊）Chateau Gruaud Larose

力士金酒莊 Chateau Lascombes

巴頓莊園 Chateau Leoville Barton

雄獅莊園 Chateau Leoville-Las-Cases

波菲酒莊 Chateau Leoville-Poyferre

碧尚男爵莊園（碧尚巴雄）Chateau Pichon Longueville Baron

玫瑰莊園 Chateau Montrose

碧尚女爵莊園（碧尚拉龍）Chateau Pichon-Longueville, Comtesse de Lande

露仙歌酒莊 Chateau Rauzan-Gassies

魯臣世家莊園 Chateau Rauzan-Segla

三級酒莊

貝卡塔納酒莊 Chateau Boyd Cantenac

凱隆世家酒莊 Chateau Calon Segur

肯德布朗酒莊 Chateau Cantenac-Brown

狄士美酒莊 Chateau Desmirail

迪仙酒莊 Chateau D'Issan

費里埃酒莊 Chateau Ferriere

美人魚酒莊 Chateau Giscours

麒麟酒莊 Chateau Kirwan

拉拉貢酒莊 Chateau La Lagune

拉格喜酒莊 Chateau Lagrange

麗冠巴頓酒莊 Chateau Langoa Barton

馬利哥酒莊 Chateau Malescot St-Exupéry

碧加侯爵酒莊 Chateau Marquis d' Alesme Becker

寶馬酒莊 Chateau Palmer

四級酒莊

班尼爾酒莊 Chateau Branaire-Ducru

拉圖嘉利莊園 Chateau La Tour-Carnet

拉科魯錫酒莊 Chateau Lafon-Rochet

德達侯爵酒莊 Chateau Marquis de Terme

寶爵酒莊 Chateau Pouget

荔仙莊園 Chateau Prieure-Lichine

聖皮爾古堡 Chateau Saint-Pierre

大寶酒莊 Chateau Talbot

都夏美隆酒莊 Duhart-Milon-Rothschild

龍船酒莊 Chateau Beychevelle

五級酒莊

巴特利莊園 Chateau Batailley

巴加芙酒莊 Chateau Belgrave

卡門薩克酒莊 Chateau Camensac

佳得美酒莊 Chateau Cantemerle

克拉米倫酒莊 Chateau Clerc-Milon

柯斯拉柏麗莊園 Chateau Cos-Labory

歌碧酒莊 Chateau Croizet Bages

達瑪雅克酒莊 Chateau Monton d'Armailhac

杜扎克酒莊 Chateau Dauzac

杜特酒莊 Chateau du Tertre

都卡斯酒莊 Chateau Grand-Puy-Ducasse

拉古斯酒莊 Chateau Grand-Puy-Lacoste

奧巴里奇酒莊 Chateau Haut-Bages-Liberal

奧巴特利酒莊 Chateau Haut-Batailley

林卓貝斯酒莊 Chateau Lynch Bages

靚茨摩酒莊 Chateau Lynch-Moussas

百德詩歌酒莊 Chateau Pedesclaux

寶得根酒莊 Chateau Pontet-Canet

自 1855 年分級制度成立後，少有變動，後因酒莊的合併、收購和分家有一些變動，另外，一些三級、四級、五級酒莊經過數十年的磨煉，葡萄酒品質要比在 1855 年評級時的品質高了很多，比如四級的龍船酒莊（Chateau Beychevelle）和五級的靚茨摩酒莊（Chateau Lynch-Moussas）的葡萄酒品質都非常好。

正牌酒、副牌酒

酒標介紹中不止一次提到正牌酒、副牌酒。大家最熟悉的就是大拉菲、小拉菲，所謂的小拉菲指的就是拉菲副牌酒。總括來說，副牌酒是因為葡萄總體質量沒有達到釀造正牌酒的要求，所以退而求其次，被釀造成副牌酒。不過因為副牌酒價位大大低於正牌酒，也同樣受到大家的追捧。

二級莊
正牌酒

葡萄用來釀製正牌酒還是副牌酒有四個標準：年份是否夠好，樹齡是否夠老，土地是否肥沃，葡萄是否最好。一般來說年份不夠好的葡萄、年輕葡萄藤種植出來的葡萄會被釀製成副牌酒。另外，由於酒莊擴張購買的其他葡萄園，葡萄等級不夠釀造正牌酒的可以用來釀造副牌酒。還有那些沒有被選入釀造正牌酒的葡萄，也會用來被釀造副牌酒。

醒酒

酒的零售價在 400 元以上，酒的年份在 5 年以上，用燈照亮酒瓶瓶底，凹槽很深，而且能看到凹槽有沉澱物。如果有上

述情況之一，都需要在喝酒前進行醒酒。

這裏指的「醒酒」不是人喝醉了讓人醒，而是讓酒「醒」過來。醒酒的目的是讓葡萄酒得到呼吸，與空氣充分接觸，軟化單寧，讓酒中的沉澱物與酒液分離，同時可以減輕葡萄酒中二氧化硫的氣味。所以，並不是所有的葡萄酒，都需要醒酒，一些年份新的，不適合陳年的葡萄酒和乾白葡萄酒都是不需要醒酒的。一般情況下，大家在店面能買到的 200 元以內的葡萄酒，都是不需要醒酒的。

醒酒一般要使用醒酒器，在沒有醒酒器的情況下，也可以提前開瓶醒酒，只不過效果沒有在醒酒器中的好，需要的醒酒時間也更長。應該醒酒卻沒有醒的葡萄酒，香氣無法完全散發出來，會有明顯的二氧化硫氣味，容易讓人誤認為是酒本身出了問題，在口感上，封閉了很久的單寧會使人感覺粗糙。

酒莊酒

酒莊酒這個詞在中國一直被視為一種質量的保證，也有人說中國葡萄酒產業也會趨向酒莊酒發展。

酒莊酒要符合三個條件，一是用自己酒莊種植的葡萄，二是在自己酒莊發酵釀製，三是在自己酒莊灌裝的葡萄酒，全部滿足才可以被稱為酒莊酒。

意大利本土葡萄品種葡萄酒

　　所以，越是大品牌的葡萄酒，酒莊酒的比例可能越少，比方說澳洲的奔富和中國的幾個大品牌葡萄酒，他們的市場需求量實在是太大了，酒莊自身的葡萄園釀造出來的葡萄酒完全不能夠滿足市場的需求，他們必須從其他葡萄園收購葡萄，或者在其他酒廠灌裝，才能及時推出足夠滿足市場需求數量的葡萄酒。

　　有人可能會說，那拉菲呢，拉菲是最大的牌子了吧，它可都是酒莊酒。沒錯，拉菲是酒莊酒，所以拉菲產量極其有限，正因為這樣大量的品牌需求將其價格推到極高，所以才對那些製假販假的人有着巨大的吸引力。

　　不過，我個人認為，酒莊酒不一定就是品質的保證，如果我自己註冊一個公司，買一塊地種葡萄，自己釀酒，買瓶子、瓶塞，灌裝，出產的葡萄酒就是酒莊酒，但恐怕是一瓶都賣不出去。所以也要看這個酒莊的實力，酒莊的葡萄園、設備，酒莊人們對葡萄酒的熱愛與執着，釀酒師成熟的釀酒技巧，當這些條件都滿足時，酒莊酒才能説是高品質的保證。

▶━┤ 特色品種、本土品種

葡萄酒生產國家釀造的最有特色、最受到世界其他國家人民追捧的葡萄品種，就成了這個國家的特色品種，比如說新西蘭的長相思，澳洲的設拉子，但其實長相思和設拉子的老家都不在這些國家。就好比中國發明了蹴鞠（足球前身），但世界足球各大比賽，中國隊的表現都不盡如人意。某葡萄品種最早種植於某個國家，就是這個國家的本土品種。但也有一些國家，他們的本土品種也是本國的特色品種，比如說意大利的桑嬌維塞（Sangiovese）。意大利的本土品種最多，也推廣得非常成功，這也是很多愛酒人士非常喜歡意大利葡萄酒的原因之一，因為選擇性很多，總會遇到沒有喝過的，不常見的葡萄品種。

每個國家，都有他們的「招牌酒（招牌葡萄品種）」，除了上面提過的之外，還有阿根廷的馬爾貝克（Malbac），智力的佳美（Gamay），南非的品樂（Pinotage），美國的仙粉黛（Zinfandel），西班牙的添帕內羅（Tempranillo），加拿大的冰酒等。

第二章

葡萄酒伴侶

葡萄酒是「王」，需要太多的「人」去服侍；葡萄酒是「公主」，需要各種各樣的呵護。不是葡萄酒「矯情」，只不過是想讓要擁有它的人，在擁有的過程中獲得更多的樂趣，同時，也瞭解它的來之不易。

暢飲時分

　　就像愛茶的人總是會有一整套的茶具（包括茶壺、茶杯、茶洗、茶盤、茶墊等）和專門品茶的桌子一樣，品酒的時候通常也需要一系列的酒具，讓葡萄酒更完美的展現，比如醒酒器、倒酒片、酒杯、酒塞等。

開酒器的種類

　　很多人喝葡萄酒時最煩惱的是開瓶太複雜，或者根本不知道怎麼開瓶。我多年前曾經在身邊的朋友圈中小範圍做過一次調查，近 70% 的人不買葡萄酒是因為不會開酒，雖然這個比例正在逐年減少，但仍然有很多人因為沒有開酒刀、不知道如何儲存等原因，不去嘗試葡萄酒。事實上，開酒很簡單，有時甚至是特別簡單！

　　葡萄酒封瓶有兩種，一種是外國新流行起來的螺旋蓋，另一種是大家熟悉的軟木塞外面用金屬錫紙塑封。

　　先說螺旋蓋，如果你熟悉瓶裝飲品的開瓶方式，那麼這種螺旋蓋的葡萄酒，你就可以輕易打開，區別只是開飲品的時候一般是左手拿著瓶身，右手旋轉擰開瓶蓋，而開螺旋蓋葡萄酒則是左手握住瓶身旋轉，右手固定螺旋蓋，當左手旋轉瓶身的時候，瓶蓋就會自動脫落。然後就和開飲品一樣，旋轉擰開就可以了。

　　比較複雜的開瓶是蓋軟木塞的葡萄酒，並不是說開瓶有多複雜，只是各種各樣的開酒器琳琅滿目，各種原理，各種形狀比比皆是，讓人有種望而卻步的感覺。其實，

螺旋蓋
葡萄酒

海馬
開酒刀

很多講求效率和速度的開酒器，屬固定場合使用，體型相對較大，並不方便攜帶，生活中很少會有人使用。有很多輕巧又方便攜帶的開酒器，只要懂得了使用方法，就可輕鬆使用。

我推薦海馬開酒刀，有時也被叫作蝦米酒刀，它可以放在包裹，也可以帶上飛機。這款開酒刀利用的是杠杆原理，一邊卡住酒的瓶口處，一邊用力抬起將酒塞拔出，比較省力方便，只要酒塞本身沒有發黴、乾燥或是損壞，基本上都可以成功地將酒塞拔出，斷裂的概率較小，哪怕是在拔的過程中出現了斷裂，也不用着急，再將螺旋刀旋轉進去（用力較第一次輕）拔一次，一般情況下，都可以將斷裂的瓶塞順利拔出來。這款開酒刀另外一個好處是，除了可以開葡萄酒瓶塞之外，還可以開啤酒蓋，尤其適合家庭使用，非常方便。

我還推薦使用氣壓式開酒器，這種開酒器原理和針頭類似，通過木塞往酒瓶內灌入氣體，通過氣壓將酒塞擠出酒瓶，這種開酒器的好處是速度比較快，要比海馬開酒刀快很多。

T字形螺旋式
開酒器

蝴蝶
開酒器

T字形螺旋式開酒器男士用得比較多的，尤其在餐廳常見，很多服務人員都使用它。這種開酒器感覺與海馬酒刀有點類似，但原理完全不同，它沒有杠杆原理輔助，需要力氣比較大，所以一般女士很少用這種開酒器。

女士用得比較多的是基本上不費甚麼力氣的蝴蝶開酒器，它也是使用杠杆的原理，與海馬開酒刀不同的是，它是兩側兩個杠杆同時作用，更加節省力氣。隨着螺旋刀部分轉入木塞時，兩側的杠杆向上抬起，等螺旋刀完全進入木塞後，兩側的杠杆也在最高點了，之後只要用雙手將兩側杠杆向下壓，木塞自然就從瓶口被拔出了。男士一般比較排斥用這種開酒器，會覺得這是沒力氣，很「娘」的象徵。

沒有酒瓶時如何檢驗海馬刀的質量

上面介紹的幾款常用開酒刀，我個人覺得還是海馬開酒刀比較實用，輕便，又易攜帶，不過，不是所有的海馬開酒刀都好用。有些製造商太過注意它的造型，又或者為了節省成本偷工減料，就算外形與合格的一模一樣，也不好用。

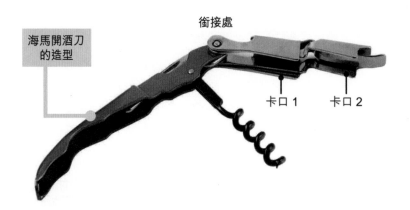

銜接處

海馬開酒刀的造型

卡口 1　　卡口 2

選購這種海馬開酒刀時，首先要看最上面卡在酒瓶上的地方，有兩個卡口的開酒刀會比只有一個的省力好用一些（一般都會有兩個），要選擇這兩個卡扣連接的地方是可以彎曲的，且這個彎曲的地方，一定要既可以向裏彎，又可以向外彎，並且都可以彎到一定的程度，關節處不能太緊，彎曲的幅度不能太小。雖然看起來好像區別不大，但這裏設計和質量基本決定了開酒刀的好用程度，若是不能彎的，或是彎曲幅度過小的，在使用中都會很難操作。

此外，還要看螺旋刀與開酒刀銜接的地方是否牢固（越牢固的越好），如果連接處有很大幅度的晃動，螺旋刀在插入木塞後就比較容易歪，旋轉時很不方便。再有螺旋刀本身也不要太細。

Tips

選擇海馬開酒刀要點

1. 要有兩個卡瓶口。
2. 銜接處可以內外靈活彎曲。
3. 螺旋刀與酒刀接口要牢固。

各種開瓶小技巧

　　下圖是網上流傳的用海馬刀開葡萄酒的方法，根據我的「實戰經驗」，有兩點可以改進的地方。

海馬刀開葡萄酒的方法

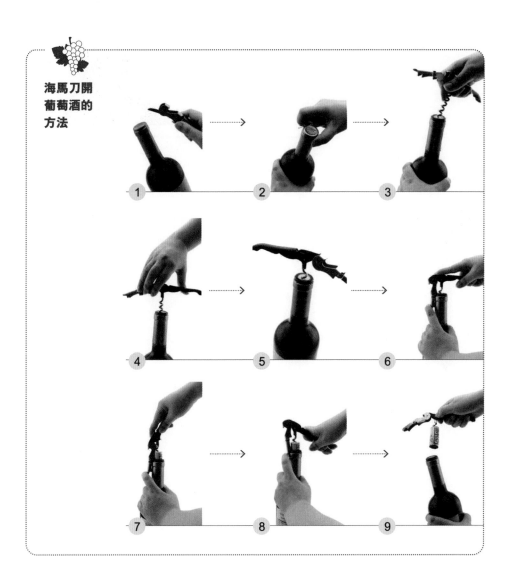

第一個可以改進的地方是第二幅圖中的切口位置，一般侍酒師和專業葡萄酒培訓師告訴你的，網上、書上能找到的，都是在瓶口處鼓出來的那個環形的下沿（如右圖），用酒刀在此處將葡萄酒瓶口的錫紙割開是最正規的方式。不過我發現，如果沿上沿的那一圈把錫紙割開會更容易，所以我個人一般都是割上沿的那一圈，並且這樣可以完好無損的將封瓶的錫紙蓋保存下來（有些人喜歡收藏錫紙蓋）。

切口位置

割開錫紙的位置

第二個可以改進的地方是第四步，也就是將螺旋刀轉入到木塞的量多少為最佳？螺旋刀不宜完全轉入，有些木塞較短，完全轉入可能會刺穿木塞，會在酒中留下木塞的碎塊，所以我認為轉入至木塞外還有一圈螺旋時，就不需要再繼續轉了。

除了這個方法，另外還有一種流傳已久的開瓶方法，你可以在網絡上搜索到很多影片，這種方法不需要任何樣式的酒刀，只要在酒瓶底部放上塊毛巾或浴巾（後來有人發現，用旅遊遊鞋最好使），然後把底部用力往牆上或者樹上撞，利用慣性的原理，讓酒塞自己出來。有朋友嘗試過，但我沒有試過這種方法，個人覺得並不一定很實用。它的前提是錫紙已經被割開，説明還是需要有酒刀的，既然有酒刀了，又何必那麼麻煩，而且，

葡萄酒高腳杯

除非是質量很差的葡萄酒，否則這麼強烈的震動，對口感會產生不好的影響。

酒杯對葡萄酒的影響

喝葡萄酒一定要用高腳杯嗎？不用高腳杯行不行？答案是，當然可以！都有人在葡萄酒裏加冰加雪碧了，只不過不用高腳杯而已，還不算「大逆不道」！可是，如果你瞭解了高腳杯對葡萄酒的作用，如果

你親身對比了正確使用高腳杯與使用塑料杯喝葡萄酒的區別後，那麼我相信，你不會再選擇普通水杯了，除非，你的酒真的廉價到不需要為它操甚麼心的地步！

很多人認為使用高腳杯的主要作用是為了不讓手的溫度影響到葡萄酒的溫度。但如果高腳杯的作用僅僅如此的話，那麼大家就選用高一點的普通水杯，或者喝酒時手握在杯沿處，或者選用有把手的杯子，只要不讓手的溫度影響到酒不就可以了嗎？既然不行，就說明高腳杯的作用遠遠不止這個原因。

先讓我們來認識以下幾款最普遍最常用的葡萄酒杯：

ISO 酒杯　　黑比諾杯　　赤霞珠杯

講究者使用品酒的杯子，都是按照不同葡萄品種區分的，喝赤霞珠時用赤霞珠杯；喝黑比諾時用黑比諾杯。按照不同品種去設計杯型，是否是在嘩眾取寵？有甚麼意義嗎？我簡單說明一下這個問題。

上面最左邊這個杯子，在國際上稱作 ISO 酒杯（International Organization for Standardization，國際組織標準型號品酒杯），各種國際葡萄酒大賽、盲品等活動，基本使用的都是這種型號的酒杯，當各個葡萄品種在屬各自杯型的酒杯中品嘗時，葡萄酒味道和口感上的優點會被擴大，而缺點則會被掩蓋，這對其他品種葡萄酒是不公平的，故在比賽和盲品的時候要使用這種標準型號的品酒杯。單從這一點來看，就能體現出杯子形狀，對葡萄酒口感有多大的影響。

這個道理其實很好理解，和人一樣，同樣是人，但基因各不相同，每個人的樣貌、品性都不同，葡萄、葡萄酒也是如此，雖然都是葡萄，但是每個葡萄品種的基因不同，香氣分子的重量也都不相同，多高的瓶口才是聞到那個葡萄品種香氣的最佳高度，這些在設計杯型時已考慮進去了。

除了高度，杯子的胖瘦、杯沿的角度也會影響葡萄酒在口中的口感，以雷司令和霞多麗兩種白葡萄酒為例，其杯子的造型就大不相同。雷司令的杯子杯肚窄小，杯口豎直略向外翻，大家都知道雷司令的特點是果酸較高，酒精度數較低，所以這樣的設計會讓酒在入口的時候先導向舌尖的甜味區，從而突出果味，降低酸度。而與雷司令的杯子比起來，霞多麗的杯肚則像是位十月懷胎的孕婦，且杯口略向內收，這是因為霞多麗的酒精度數較高，酸度相對較低，所以向內收的杯沿可以讓酒在入口時流向舌頭的中部，使葡萄酒在口中四面散開，讓味蕾體會各種成分交織而成的和諧感。

那麼，如果用雷司令的杯子去品嘗霞多麗會怎樣呢？小型號的杯子會讓酒的花香更集中，複雜度降低，而且品嘗起來也會覺得比在霞多麗杯中嘗到的多了些苦味。

不過，品酒也不需要把重點都放在杯子上，杯子的品牌很多，加上起泡酒、甜酒、烈酒、雞尾酒等，各種品種的杯型細分起來就太多了，據說在專業的葡萄酒杯行家中，酒杯也沒有超過9款，所以就算是葡萄酒達人，家中能有上面介紹過的這幾種杯子就已經很專業了，足夠了。

雷司令杯

霞多麗杯

葡萄酒的持杯方法

音樂響起，門窗被風吹開，昏暗的燈光在飄逸的羅莎幔帳下忽明忽暗，鏡頭從遠方漸漸向眼前聚焦，遠方的景象慢慢從清晰變得模糊，鏡頭慢慢聚焦在眼前桌角上，有一個高腳杯，向裏面倒入 1/3 的紅酒，還有一些掛杯在水晶杯壁上，從鏡頭外走進來一位婀娜多姿的美女，盤起的頭髮、緊身閃着金光的長裙，裸露着白晰的背脊背對着觀眾，走到桌前，輕柔地抬起右手，將高酒杯的杯腿插在手指中間，托起酒杯的杯肚，繼續以極為高貴優美的姿態向前走，直到鏡頭聚焦到她的頭部時，她回眸一笑，千嬌百媚！

這鏡頭熟悉嗎？就算是在今天也經常可以在電視中看到這樣的廣告鏡頭，而且一般都是在奢侈品廣告中出現，加入葡萄酒的元素是為了讓品牌顯得更加有品位。只可惜，在這麼唯美的畫面中，美女拿酒杯的方式卻經常是錯誤的，就如同下圖左側第一個一樣，雖然看上去顯得很有品位，很有氣質，但事實上卻是最錯誤的持酒方式。

有三種持酒方法，我們來看下面：

第一種方法錯誤的原因不需要太多解釋了，前面文章中已經提到過，喝葡萄酒時最怕手的溫度影響到葡萄酒的溫度，人體溫度約 37℃，而葡萄酒的品嘗溫度卻是在 18℃左右。溫度過高時，酒會變得呆滯、失去新鮮感且加強了酒精味，單寧減弱，嚴重影響葡萄酒的最終口感。

第二種和第三種的持杯方法都是正確的，在晚宴上，或者坐在座位上喝酒品酒的時候，一般都是用第三種方式，不需要特別靠下，只要避免手觸碰到酒杯盛酒的地方就可以了。在品酒會上沒有桌椅，大家來回走動，站立交流的時候用第二種握住杯底端的方式較多。也有說法說，這種握杯方式是侍酒師用來把倒好的葡萄酒遞給客人的握杯方式，這樣可以讓客人直接握住杯子的底部，避免客人的手觸碰到杯壁。

你用過這樣的醒酒器嗎

醒酒器已經從一種道具慢慢地被演變成為一個藝術品，功能也愈發完善，比如面對面（face to face）醒酒器，有二次醒酒的功能，當葡萄酒順着醒酒器口流下的時候，是第一次醒酒，當落到了下邊的兩個人臉上的時候，會被輕輕彈起，之後再次落下，這個過程是第二次醒酒，適用於下班回到家，想在晚餐時喝葡萄酒，而醒酒的時間又不夠的時候使用。這種可以二次醒酒的醒酒器，能讓酒更快速地醒過來。再比如蛇形醒酒器，除了可以達到二次醒酒的功能，還可以控制每次倒酒時的酒量，不用擔心酒倒得太多或太少。

蛇形醒酒器

醒酒器

其他品酒必備酒具

不是所有情況都需要吐酒器和冰酒桶，但是在某些情況，就必須要有這兩樣東西了！

如果你喝的是白葡萄酒、桃紅葡萄酒、起泡葡萄酒和甜葡萄酒，就需要冰酒桶，放上一些冰、一些水，讓溫度較高的葡萄酒降溫。喜歡葡萄酒的人應該已經注意到，一般白葡萄酒的酒杯比紅葡萄酒的要小，這也正是因為白葡萄酒要求溫度更低，不宜倒太多在杯子裏，大的杯子會讓葡萄酒在杯中迅速升溫。

吐酒器一般在品酒會、盲品會、酒評會和葡萄酒賽事中使用，當然也會在學習品酒的課堂上使用，當需要一次性品嘗十多款甚至數十款葡萄酒的時候，要將葡萄酒含

冰酒桶

吐酒桶

在嘴裏品嘗完畢之後吐出來；不然，還沒有品嘗到最後一款，人就已經醉倒了。想當初，我們在學習品酒的時候，每天從早上 8 點嘗到晚上 6 點，最多的一天品了 79 款酒。當時感覺即便酒都吐出來了，一天結束後也是暈乎乎的。中國的吐酒器一般就是用上圖中右側的這一種，其實就是在冰酒器上面加了一個特製的蓋子，讓人看不到吐酒器裏面夾雜着口水的液體。

　　個人使用的吐酒器體積可以小一點，如果沒有這樣特別製作的吐酒器，可以在小桶裏面放一個塑膠袋，再在塑膠袋裏面放一些吸水的物品，比如吸水木屑，一般放 1/3 到半盆，這樣就成了一個非常實用，又不會見到吐出液體的吐酒器，用過之後，塑膠袋一拎扔掉就可以了。

軟木塞 VS 螺旋塞

　　喜歡軟木塞，還是螺旋塞？選擇軟木塞，還是螺旋塞？究竟應該用軟木塞，還是螺旋塞？

　　彷彿這是一個葡萄酒界永遠都存在的選擇，永遠都存在的辯論。對於酒莊，每個莊主都有不同的想法和選擇；對於消費者，每個人也都會有自己的見解和愛好。而我對這兩種封瓶的態度是，軟木塞，我很尊重；螺旋塞，我很喜愛。

　　尊重軟木塞，是因為它實在是來之不易。喜歡螺旋塞，是因為它實在是太方便。但這只是對於我自己而言，你會更喜歡哪一種呢？讓我們先來瞭解一下軟木塞和螺旋塞各自的優缺點。

軟木塞

螺旋塞

優缺點	軟木塞	螺旋塞
優點	• 傳統高雅 • 透氣，中和硫、降低硫化物的生成 • 環保、可 100% 進行生物降解	• 成本低 • 方便開啟 • 保存葡萄酒的果香 • 有更好的密封性 • 方便攜帶、運輸
缺點	• 有時讓酒產生木塞污染 • 成本高 • 不方便攜帶和運輸 • 不方便開啟 • 對於儲存的環境要求高	• 有時讓酒產生硫化物的味道 • 容易讓人覺得酒很廉價

　　這裏另外要說明的是，軟木塞對葡萄酒產生污染的概率差不多是 8.3%（1/12），就是說平均每一箱酒中就有一瓶酒受到軟木塞污染。而螺旋塞對葡萄酒形成硫化物影響的概率是 2.2%，大概是每四箱葡萄酒中會有一瓶受此影響。從上面表格中，軟木塞和螺旋塞的優缺點對比上來看，彷彿螺旋塞更佔優勢。但即便如此，也無法撼動軟木塞在葡萄酒封瓶中的地位。軟木塞為葡萄酒帶來的好處和給消費者在心理上帶來的高雅感受，都是螺旋塞無法取代的。

　　基本上，從有葡萄酒開始的時候，軟木塞就已經開始用來做封瓶，只是那個時候還並不流行。當時葡萄酒基本用蠟或者玻璃瓶塞封瓶，飲用的時候很不方便。而且軟木塞的加工流程也不完善，酒瓶的大小規格還未統一，軟木塞的大小規格很難控制，使得軟木塞無法推廣。直到酒瓶的規格得到規範和普及，玻璃瓶塞無論在成本、作用、運輸和開瓶各方面，都無法戰勝軟木塞，最終被歷史淘汰。

軟木塞

　　軟木塞看起來就是一個小小的圓形木塊，我之所以說尊重軟木塞，是因為它實在是來之不易。軟木塞，不是來自於某種樹的樹乾，而是一種被稱之為櫟樹（Quercus）的樹皮。有句俏皮話說：「樹不要皮，必死無疑，人不要臉，天下無敵。」可見樹皮對樹的重要，可是櫟樹的神奇在於，它的皮是不停生長的，剝掉一層後還會繼續長出新皮。不過只有樹齡達到 25 年的時候，樹才可以進行第一次脫皮，之後再隔 9 年進行第二次脫皮，但這兩次樹皮在厚度和密度上還達不到做軟木塞的要求，一直到第三次脫皮才能用來製作軟木塞。可就算是這樣的樹皮也不能直接製作成軟木塞，為了防止細菌和蟲蛀，還需要經過一系列工序（包括 6 個月的風乾，1 個多月的反復浸泡）使其平整，之後還有打孔、修整、消毒等程序，最後才能運到各酒莊壓上商標和文字。

　　與軟木塞相比，螺旋塞顯然不需要那麼複雜的工藝，成本也大大降低，螺旋塞起始於「新世界」國家，與軟木塞一樣，它並不是新鮮事物，而是存在已久的方式，但因為市場接受度不高，得不到推廣。事實上，軟木塞對於大家來說可能更陌生，因為除了葡萄酒之外，其他飲品很少用到，但螺旋塞，就很普遍了，一般瓶裝的飲品都是螺旋的瓶蓋，只不過與葡萄酒的螺旋塞材料不同而已。

螺旋塞

　　但是螺旋塞這種非常便利的開瓶方式，並沒有讓它得到消費者的認可。因為很多消費者已經將葡萄酒與軟木塞看作一體，甚至認為沒有軟木塞的就不是葡萄酒，至少不是質量好的葡萄酒。既然都與那些碳酸飲品用同樣的包裝了，是不是代表要與飲品有同樣的價格？另外，對於品葡萄酒的人來說，軟木塞所代表的是一種文化，開啟它時優雅的動作和軟木塞離開瓶口時的那一聲響，都是葡萄酒文化有魅力的一部分，而這樣的一種文化享受，是螺旋塞無法取代的。

JACK E

螺旋塞最後成功突出重圍，還是因為它被證實了有抗氧化的特性、能消除軟木塞污染和保持葡萄酒年輕化的作用。它對於葡萄酒的保護作用，使其最終得到了酒莊主和消費者的認可。雖然在中國，最多見的還是軟木塞，但是在一些「新世界」國家，螺旋塞已受到消費者的認可，市場上的葡萄酒90% 都是螺旋塞了，比如澳洲很多酒廠將其所有的系列產品都改用了螺旋塞，澳洲的禾富

（Worlf Blass）酒莊就是這樣。不過在「舊世界」國家，尤其是生產陳年二三十年葡萄酒的酒莊，因為需要葡萄酒在瓶中得到適當的氧化，進行一個慢慢成熟的轉變，所以依舊使用軟木塞。

究竟哪個更好？結論是哪個都好，各有各的優點，各有各不同的用途，各有各喜愛的消費者，大家瞭解了這些後，哪個更好其實根本不再重要，只要知道，軟木塞和螺旋塞，沒有高低貴賤之分，使用螺旋塞並不代表酒低質就可以了。

真空酒塞

▶━┤ 各式各樣的酒塞

這裏說的酒塞是在葡萄酒開瓶之後，一次未飲用完時，用來塞住葡萄酒瓶口以防葡萄酒過度氧化的酒具。比較標準的酒塞是右圖這樣的。

不過隨着葡萄酒行業的發展，葡萄酒酒具也隨之發展，在競爭越來越激烈的市場中，為了吸引人眼球，各式各樣的酒塞也隨之而來，如果你好奇可以在百度中搜索酒塞，或者在外國的搜索網站上輸入 funny wine stopper（有趣的酒塞），就會看到各式各樣有趣的酒塞。不過在中國市場上最常見的，還是右圖中規中矩的這種。

第二節

葡萄酒儲存

　　買來的酒放在家裏應該怎麼儲存？存放葡萄酒需要注意哪些事項？開過的葡萄酒應該怎麼存放？開後還可以存多久？放在雪櫃裏到底行不行？

　　曾經問過身邊很多朋友，面對葡萄酒，他們的煩惱之一就是750毫升的酒，開瓶後喝不了不知道怎麼存。白酒，蓋好蓋放着就行了；啤酒，小罐裝的很容易喝完。只有葡萄酒，對存放條件既那麼講究，又有着不大不小的容量，喝不完很讓人煩惱。

儲存葡萄酒需要哪些條件

　　儲存葡萄酒的條件説起來很多，但是最重要的一點，還是反復強調過的溫度，請允許我在這裏不厭其煩地再絮叨一次：儲存葡萄酒需要恒溫，溫度保持在12~15℃。

　　很明顯，這個溫度不是我們的室溫，夏天的時候，就算開空調，室內的溫度也大多會在26℃以上；冬天的時候，如果房間裏有暖氣或開空調室內溫度大都在18℃以上，都無法達到儲存葡萄酒的溫度要求。不過這還不是最主要的，最主要的是室內的溫度不會是恒溫，尤其在早晚溫差大的地方，最高溫度與最低溫度可以相差十多度，這樣來回折騰，是葡萄酒最受不了的。

　　除此之外，葡萄酒的存放還不能有震動、異味和噪音。異味太重（比如在存放鹹魚之類重氣味的地方）是不宜存放葡萄酒的。尤其是軟木塞封瓶的葡萄酒，因為葡萄酒處於並非與空氣完全隔絕的狀態，所以，若讓葡萄酒長期處於

異味嚴重的環境中，異味也會進入瓶中影響葡萄酒的味道。

　　至於噪音與震動，基本上是一個意思，因為聲音是靠震動傳播的。經過「舟車勞頓」或者長期處於震動狀態下的葡萄酒，酒體會渙散。震動也會加速葡萄酒的成熟、老化，使葡萄酒飲用起來呆板無味。對於陳年存放的葡萄酒，震動還會讓酒瓶中的沉澱混入酒中。所以，在經過「長途跋涉」之後的葡萄酒，建議放置一段時間之後再喝，少則兩三天，多則兩三個月，根據路途的長短而定，保險起見的話，最好是路上一天，靜放兩天。

　　除了這些之外，還要有適當的濕度（濕度在 70%~75%）和儘量避光（光線對葡萄酒的殺傷力很大）。

為甚麼葡萄酒不能放在雪櫃裏儲藏

　　在沒有買酒櫃之前，家裏開過的葡萄酒都是放在雪櫃裏保存。記得有一次，我從雪櫃裏拿出一瓶開了一段時間的葡萄酒，發現有了一股藥酒的味道，明顯是壞了不能喝了。很多人和我一樣，在沒有甚麼辦法的情況下，只好把喝剩下的酒放進雪櫃。短期放個一天兩天還湊合，但是長期用雪櫃儲存葡萄酒則是非常不可取的。

　　重新再看下儲存葡萄酒的三個重要條件：恒溫、無震動、無異味。很明顯，雪櫃根本無法滿足這三點要求。

　　首先，雪櫃不是恒溫的，雪櫃是間歇性控制溫度，當溫度過高時，開始製冷，而當溫度低到一定溫度時則會停止製冷，這樣的溫度變化一直循環。這不是恒溫，而是一直在變的溫度。

　　其次，雪櫃不是完全靜止的，雪櫃在製冷的時候，都會有輕微的震動（有些老一些的雪櫃震得更強烈），這種不時地震動，也完全不符合葡萄酒的存放條件。

　　最後，雪櫃也不是一個沒有異味的地方，相反，雪櫃是存放食品的地方，在那麼一個狹小的空間裏各種食品都會多多少少有些味道。所以，如果用雪櫃來儲存葡萄酒，只會適得其反。不過，有時家裏沒有存放酒的地方，開了瓶，放在雪櫃裏湊合兩天也只能說是沒有辦法的辦法。

葡萄酒，究竟應該放在哪裏

問題來了！既然雪櫃不適合存放葡萄酒，買來的葡萄酒究竟應該放在哪裏？一般情況下，可分為五個地點：一般環境地點、地窖、酒櫃、私人酒窖、藏酒公司。

一般環境地點

如果酒的數量不多、存放的時間不太長、季節剛好是在溫暖地區的冬天或者寒冷地區的春秋天，那麼可以在家裏找一個通風、無異味、陰涼、無光線、無震動的角落靜放。在溫度不太高的地方，葡萄酒還是可以陳放一段時間的。

地窖（這個地點較適合中國或外國地方）

住在一樓的家庭可能有地窖或地下室，或車庫，相比一般的居住環境（格局方正、採光充足），這些地方更適合存放葡萄酒。有些地窖的環境非常符合存放葡萄酒：恒溫、濕度適宜、避光、無異味、無震動等。地窖少受外界的溫度影響，只要裏面沒有存放鹹魚酸菜之類的重味道食品，便可以存酒。

近些年有些住宅樓標註的一樓實際上是二樓，而真正的一樓則用來當作車庫或儲藏間。車庫和儲藏間的特點是都在樓房的最底層，沒有窗戶或沒有大面積的窗戶，可以非常好地阻隔

陽光和熱度，一般這樣的地方都比較陰涼，適合存放葡萄酒。但車庫還是儘量作為最後的選擇，因為車庫的自動門比較薄，隔熱的效果欠佳，並且有車停停走走，會產生震動和噪聲，並不適合葡萄酒存放。

酒櫃

上面説的地方都是存放葡萄酒的非專業場所，可以臨時使用。若真的很喜歡葡萄酒，或者由於各種原因家中會長期存放葡萄酒，還是建議購買專業的酒櫃或者建造私人酒窖。

對於一般消費者來説，酒櫃是比較實用的。酒櫃的價格並不是那麼高不可攀。根據不同數量的需求，酒櫃也分為不同大小，有 8 瓶裝、28 瓶裝、48 瓶裝、72 瓶裝，最小還有 2 瓶裝的（中國也有，但很少見）。無論是喝過還是沒喝過的酒，都可以放在酒櫃裏保存。酒櫃最大不過與家用的雪櫃一般大小，所以正常情況下家裏都會有地方可以擺放。只是，酒櫃也需要擺在陰涼避光的地方。

酒櫃分為兩種：電子半導體酒櫃和壓縮機酒櫃，它們的功能和性能各不相同，購買的時候要想清楚，需要怎樣的酒櫃。

	電子半導體酒櫃	壓縮機酒櫃	
製冷區別	熱電效應	風冷式有風扇，隨距離風點遠近，略有不同	直冷式無風扇，冷氣自然傳導，溫度較為穩定
功率	小	大	
製冷效果	製冷速度慢	製冷速度快	
優點	環保節能，適合家用	性能質量相對成熟穩定，壽命更長	
缺點	製冷效果一般	耗電量大、噪聲大	溫度不能完全均勻

一般家庭使用，電子半導體酒櫃就足夠了。不過，在這裏小小地提醒一下，大部分人剛開始需要酒櫃的時候，覺得有個能裝一兩瓶的，可以存放剩酒就可以了，8 瓶裝的酒櫃足夠大了。可是當你有了酒櫃之後，你絕不會讓它空着，就會開始去找酒往裏放，過不了多久，就會覺得 8 瓶裝的不夠了。等你有了 28 瓶裝、48 瓶裝的酒櫃之後，便開始成箱地往家裏搬了。

法國波爾多
拉圖酒莊酒
窖藏酒

到最後，除非是資金有限，不然非得要自己造一個家庭酒窖才行。所以，這裏我有兩點建議：一是開始就買個大的，省得折騰！二是酒只有喝到肚子裏，才算是你的酒，賣了才算是錢，存着的作用是為了喝，不是為了炫耀！

同時，我也給做銷售的朋友一點小建議：認準了有資金實力的客戶，先給他送個酒櫃，越大越好，只要有了酒櫃，他就會開始想盡辦法到處去找酒了，還得是好酒，是配得上這個酒櫃的好酒，而且會從你這兒買，因為酒櫃是你送的！

這就是葡萄酒的魅力，一旦開始，便很難停止！

酒櫃的維護：酒櫃不要擺放在陽光可以照射到的地方，建議一個月關閉一次電源，每次大約 2 小時，讓酒櫃休息一下，平時要保持酒櫃的清潔。壓縮機酒櫃每 2 年檢查一下壓縮機製冷劑的含量，清洗一次製冷風扇。

私人酒窖

這一直是我夢寐以求的！曾在微博中看到有個人感嘆説：對於葡萄酒愛好者來説，最痛苦的事情就是看到一整牆木架的葡萄酒，卻是別人的！我深有同感！

能在家中有酒窖，是一個愛酒之人的終極夢想，只不過相比較而言，這個夢想在外國比較容易實現，外國住平房的相對較多（暫時先不叫它別墅），可以打地窖。

建造酒窖的目的主要是防潮、隔熱。家庭私人酒窖是高級人群居家生活的一種時尚，是一種生活品位的象徵，而對於喜愛葡萄酒的人來説更是一種需要。《福布斯》雜誌曾這樣評價私人酒窖：「將來顯示生活品質的，不再是私家游泳池、私家健身房，而是私家酒窖。」游泳池也好，健身房也好，只要有資本，都是大同小異的東西，但是酒窖的整體風格、細節設計，尤其是主人收藏的葡萄酒，都能展現出這個主人的眼光和品位。招待客人時，從私家酒窖中選出一款上好的珍藏開啟同飲，不僅是很好的享受，也是很好的分享，甚至可以與客人更好地溝通。

　　其實，私人酒窖不是那麼遙不可及，你是否因為搬回家太多的酒沒有地方放，而找了一個小倉庫或者小房間擺放，後來知道了溫度的重要性，給倉庫安裝了一部冷氣？那麼恭喜你，你的私人酒窖已經有一個雛形了。只要是真心喜歡葡萄酒且經常要喝葡萄酒的人，我覺得私人酒窖會是他們最終的選擇，因為除非放到專業的儲酒公司，沒有地方可以擺放越來越多的葡萄酒。其實，私人酒窖不只屬高級人群，很多三口之家的房子，格局上可能會有一個保姆間，或者是小書房，或者是倉庫、地下室這樣的地方，都可以稍微花費一點心思和金錢，改裝成為一個私人酒窖。只要有一個小空間，就可以進行改造，地方小一點，酒可能擺放得少一點，但肯定比酒櫃放得多。

藏酒公司

　　現在有些商業酒窖、葡萄酒會所或其他高級會所會有替客人保管葡萄酒的服務，他們建造了專業的酒窖，專門為來這裏消費的人保存沒有喝完的葡萄酒，同時也對其他來寄存酒的人開放，只要你繳納一定的費用，就可以將酒放在他們的專業酒窖裏，而且這樣的酒窖服務大都很到位，不僅24小時有人接待，甚至你半夜在外面想要拿瓶酒，他們也可以為你送酒上門。現在這樣的公司在香港已經很流行，內地也已經開始慢慢發展起來了。畢竟，不是每個人都有心思在家中搞一個酒窖（有錢買高級酒的人未必都是真心喜愛或者懂得葡萄酒的人，而那些非常想要私人酒窖的酒痴們，不一定每個人都有錢建一個自己的酒窖），況且，很多人很享受這種高級的服務，會讓他們感覺很有面子！

　　當然，除了上述這些地方，最適合放葡萄酒的地方還是——你的肚子裏。

小記：花了這麼多篇幅來講解怎麼存放酒，自己都覺得有點囉唆。不過我還是真心地希望，既然你擁有了葡萄酒，你就有了讓它完美呈現的責任！

葡萄酒達人必備

一般人接觸葡萄酒，準備一些必備的酒具就足夠用了，不過，如果你是位葡萄酒達人（我想你是的，因為你正在看這本書），我猜你一定也很想得到下面這些酒具。這些東西中無論你有哪一樣，都能稱之為是葡萄酒達人，如果你有三個以上，那麼你就是專業的葡萄酒達人，如果你全部都有，我猜你應該是位葡萄酒公司的老總！

酒鼻子

酒鼻子（Le Nez du Vin）是由世界著名葡萄酒品鑒大師，生於法國勃艮第的讓·雷諾（Jean Lenoir）發明的。其中包括了54 個香味系列、12 個濁味系列和 12 個橡木系列。每一個香氣都存在一個小小的瓶子裏，感覺像是那種很精緻的高檔香水。而酒鼻子公司總部也設在法國南部的普羅旺斯，一個生產香水的地方。

酒鼻子的作用是，讓你清楚聞到每一種專業的香氣在葡萄酒中是甚麼樣的氣味，幫助你加深印象。經常聞這些香氣，那麼品酒時再聞到類似香氣的時候，就能馬上說出那是甚麼氣味！

酒鼻子

說出葡萄酒的香氣，是品酒中難度最高的一個環節，聞得到，但聞不出香氣之間的差異是一種；聞得出是某一種香氣，但是因為沒有接觸過這種香氣，不知道怎麼說是一種；還有最讓人鬱悶的，就是明明是很熟悉的氣味，可就是說不出來是甚麼。第一種屬剛接觸葡萄酒，聞的次數較少，對比過的酒較少，還不知道怎麼區分；第二種是因為平時飲食接觸過的食品比較少，對一些香氣沒有明確的概念；第三種屬是剛接觸葡萄酒不久的「吃貨」，他們對任何氣味都瞭解，只不過一時還沒對上號而已。

酒鼻子對於前兩種人來說，都有很大的幫助，而第三種人，再多喝一些酒就會熟悉了。

不過，酒鼻子可不便宜，所以我個人覺得，還是先把自己變成「吃貨」比較靠譜，多嘗試不同的食物（包括零食，各種堅果、肉脯、果醬），任何能吃的，不能吃的，都可以放在鼻子下聞聞，加深印象。這樣，再喝到葡萄酒時，就會想起這些香氣了。

可愛杯環

杯環是時尚葡萄酒派對最時尚的小物件，掛在葡萄酒杯的杯腳上，不僅讓葡萄酒杯看上去更有個性，而且可以區分開自己與其他人的杯子。

沒有準備杯環時，也可以用一張硬紙片製作成杯圈，寫上自己的名字，套在酒杯上，同樣可以起到區分杯子的作用，這在一些需要來回走動的品酒會上非常實用。

當需要同時品嘗不同的葡萄酒進行對比時，也可以在杯環上標記不同的酒名，使之與其他葡萄酒區分開，這樣就不會弄混哪杯是哪款，這在一些比較高級的葡萄酒晚宴中比較常見。

倒酒片

倒酒小道具

　　口布、倒酒片和倒酒器，都是為了防止在倒酒後抬起的時候有酒滴順着瓶口流下。這些小道具可以讓你的酒會或晚會看起來特別的專業。不過，在沒有這些道具幫助的情況下，其實也可以達到不讓酒滴流下來的效果，在倒酒快要結束，準備將酒瓶向上抬起的時候，將酒瓶小幅度地轉動一下，這樣，要流下來的酒滴就會停留在瓶口，等瓶口抬起的時候，便會流回酒瓶。

第三章

在那葡萄變成酒的地方

　　我很喜歡《在那葡萄變成酒的地方》這本書，它將葡萄酒從採摘、發酵，到混釀、品鑒中的每一個細小步驟都描述得非常詳細和生動。按道理來説，葡萄變成酒的地方就是酒莊的發酵桶，葡萄酒在木質、水泥製或者不銹鋼製的發酵桶中，在酵母的作用下，糖分轉化成酒精，這樣葡萄變成了酒。今日，借用這個名字來説説那些讓葡萄變成了葡萄酒的地方……

新舊葡萄酒世界之說

　　接觸到葡萄酒的人都會聽說過「新世界」和「舊世界」這兩個單詞，由英文中的「New world」和「Old world」翻譯而來。這個是簡稱，全文是「New world wine producing countries」和「Old world wine producing countries」譯成中文是「新世界葡萄酒生產國」和「老世界葡萄酒生產國」。只不過可能是在中國的文化中，大家常說「新社會、舊社會」，自然而然習慣性的翻譯成了「新世界、舊世界」。其實「舊」字總會讓人聯想到不太美好的意境，比如「陳舊」「破舊」；而「老」字則有「古老」「元老」的詞語聯想，會讓人有種歷史悠久，神秘而資深的感覺。

　　「新、舊世界」的區分大家都熟悉了，「舊世界」都是歐洲的國家，「新世界」則是歐洲以外的國家。接下來很多人會問，都是葡萄酒生產國，既然市場上出現這樣的區分，那麼「新世界」和「舊世界」葡萄酒之間的區別是甚麼呢？歷史、文化、產地氣候、釀造手法、法律規則這些就不說了，與消費者關係不大。大家更關心的應該是在這些不同的作用下產出的葡萄酒喝起來會有甚麼不同的感受？我給大家做一個比較形象的比喻。

　　飲食不分家，如果用「食」來解釋這種感覺的話，喝「新世界」的葡萄酒就好像是在吃一頓非常豐盛的滿漢全席，坐在餐桌旁，一切就已經盡在眼前，雞鴨魚肉，蔬菜水果完整地擺放在你的面前等待着你享用，你會垂涎三尺地看着這一切，並且迫不及待地大吃起來。而「舊世界」的葡萄酒則是一頓高雅的西餐晚宴，坐在餐桌前的你只能靜靜等待着晚宴一道道地呈現，開胃菜、前菜、主餐、甜點、水果，撤了這一道再上下一道，

每一道都不見得有多少，但是一道都不會缺，並且每道都需要少許的等待。

　　若是沒有體驗過滿漢全席和高檔西餐的經歷，還有一種更通俗的形容，有人説「新世界」的葡萄酒，就好像是一位赤裸的美女，一絲不掛地呈現在你面前，讓你瞬間感覺到一種衝擊，心跳加速、迫不及待……而「舊世界」的葡萄酒則更像是一位脱衣舞女郎，妖嬈的身姿包裹在層層薄紗之中，然後在你面前一件件緩緩地脱去，讓人無限地遐想，是一波未平一波又起的興奮。

　　總之，如果是家庭聚餐或是小型派對這種開瓶馬上就要喝的時候，選「新世界」的酒比較合適。如果你是一個人坐在落地窗前，看着夜景，聽着音樂，想要慢慢地去品嘗一瓶酒，或者你在飯後閒暇，與家人一起邊看電視邊小酌，那就有更多的時間去慢慢欣賞「舊世界」葡萄酒的變化。但請不要因為喜歡法國酒，就對「新世界」葡萄酒嗤之以鼻，也不要因為喜歡美國酒，就説「舊世界」葡萄酒「倚老賣老」。

　　夜如酒般沁人心脾，是因為酒如夜般柔美深沉。葡萄酒與生活一樣，永遠值得，也永遠需要去用心品味。

法國——
木秀於林，風必摧之

法國概述

　　法國是一個非常傳統的葡萄酒生產國家，釀酒歷史已有
3000 多年，並且在很長一段時間內，在全世界的葡萄酒行業中
都佔據着主要的地位，所釀的酒更是受到來自全世界各地葡萄
酒愛好者的追捧。

　　法國葡萄酒最大的魅力在我看來是它的多樣性，法國的國
土面積其實並不大，但卻有十個葡萄酒產區，分別是：波爾多、
勃艮第、羅訥河谷、阿爾薩斯、香檳、盧瓦爾河谷、西南產區、
朗格多克魯西榮，普羅旺斯和汝拉——薩瓦產區。而且幾乎每
一個產區都有自己非常獨特的風格，都像是一個獨立的有特色
的葡萄酒生產小國，單獨拿出來某一個、甚至某兩三個產區，
都無法代表整個法國葡萄酒。

波爾多左岸家喻戶曉的有 1855 年列級名莊酒、貴腐葡萄酒和右岸高質量高價位的車庫酒；勃艮第那些特級田中有着頂級黑比諾和全世界味道最複雜的霞多麗；羅訥河谷有設拉子和歌海娜紅葡萄酒；阿爾薩斯有頂級白葡萄酒和甜白葡萄酒；香檳產區有享譽全世界的起泡葡萄酒；盧瓦爾河有長相思和白詩南，普羅旺斯有桃紅葡萄酒⋯⋯每一個產區都有自己的故事，自己的特色，都那麼優秀，彼此間又那麼不同，都值得被探索和欣賞。

波爾多（Bordeaux）　波爾多是法國甚至是整個世界最知名的葡萄酒產區之一，在考慮法國葡萄酒時，波爾多通常是第一個想到的葡萄酒產區。波爾多以其飽滿、複雜又具陳年潛力的紅葡萄酒而聞名，法定的紅葡萄包括赤霞珠（Cabernet Sauvignon）；品麗珠（Cabernet Franc），美樂（Merlot），馬爾貝克（Melbec）和小維鐸（Petit Verdo）等。這裏也生產少量但是質量卻非常好的白葡萄酒，通常是使用的法定葡萄品種長相思（Sauvignon Blanc）和賽美蓉（Semillon）。此外來自蘇玳（Sauteners）的貴腐甜白葡萄酒更是全球最優秀的甜酒之一。波爾多位於法國西南部，靠近大西洋海岸，受海洋性氣候影響，這裏天氣非常不穩定，因此這裏一般採用多個品種混釀，當然這也是波爾多不同年份差異懸殊的主要原因。

勃艮第（Bourgogne）　勃艮第位於法國中部，北與第戎接壤，南與裏昂接壤。勃艮第經常被稱之為全球最貴的葡萄酒產區，因為世界很多頂級葡萄酒（堪稱奢侈品價格一般的葡萄酒），多產自於此。勃艮第的法定葡萄品種最常見的三個是黑皮諾（Pinot Noir）、佳美（Gamay）和霞多麗（Chardonnay）。與波爾多不同的是，這裏多採用單一葡萄品種來釀造，每個不同的小產區，每個不同的葡萄園皆呈現出各自不同的特性，無論紅葡萄酒還是白葡萄酒，都質量卓越而且價格不菲。

羅訥河谷（Rhone Valley）

羅訥河谷產區歷史悠久，是法國最早的葡萄酒產地。考古表明，早在公元1世紀，隨着羅馬人征服高盧，羅馬人就發現了羅訥河谷兩岸是種植葡萄的寶地，這裏很可能是法國葡萄酒的發源地。羅訥河谷位於法國南部，北面是裏昂，南面是普羅旺斯，與其他產區不同的是，羅納河谷分為南北兩個產區，南羅訥河和北羅訥河法定葡萄品種以及葡萄酒風格有很大的不同，北羅訥河谷大多釀製以西拉（Syrah）為主的紅葡萄酒和以維歐尼（Viognier）為主的白葡萄酒；南羅訥河谷則大多以歌海娜（Grenache）、西拉和慕合懷特（Mourvedre）這三個葡萄品種的單一葡萄酒和他們的混釀葡萄酒為主。不過南羅訥河谷也產質量不錯的桃紅葡萄酒，還有加強型的甜白葡萄酒，風格非常多樣。

阿爾薩斯（Alasce）

阿爾薩斯與法國東北部的德國接壤，堪稱全法國最美麗的葡萄酒鄉，葡萄園多位於萊茵河西岸，孚日山脉的地坡處，由於這片土地在歷史中曾多次被德國佔領，其葡萄酒的風格也有德國風情，因而阿爾薩斯的葡萄酒被稱為法國德式葡萄酒。與其他法國 葡萄酒產區不同。這是法國唯一一個幾乎專門種植白葡萄酒的葡萄酒產區。這裏種植的葡萄包括瓊瑤漿（Gewurztraminer），白比諾（Pinot Blanc），灰比諾（Pinot Gris），莫斯卡托（Muscat）和黑比諾（Pinot Noir）。乾型白葡萄酒在這裏非常常見，而遲摘型葡萄酒（Vendages Tardives）和逐粒精選貴腐酒（Selection de Grains Nobles）等甜白葡萄酒也非常知名；阿爾薩斯的黑皮諾則多用來釀製桃紅和乾紅葡萄酒。

香檳（Champagne）　香檳來自法文「CHAMPAGNE」的音譯，意為香檳省，香檳區位於巴黎東北方約 200 千米處，是法國位置很靠北的葡萄園。特殊的氣候環境造就了整體風格優雅細緻的起泡酒，這在其他國家或產區是很難能夠與之比擬的。

由於原產地命名的原因，只有香檳產區生產的起泡葡萄酒才能稱為「香檳酒」，其他地區產的此類葡萄酒只能叫「起泡葡萄酒」或者其他名稱。釀造香檳起泡酒的法定葡萄品種包括黑皮諾（Pinot Noir）、霞多麗（Chardonnay）和莫尼耶皮諾（Pinot Munier）三個，香檳酒大多是不同年份的混釀，因此無年份香檳（Non-Vintage Champagne）佔多數，不過在一些極好的年份也會出產品質卓越的年份香檳（Vintage Champagne）；此外，採用 100% 霞多麗釀製的香檳叫白中白（Blanc de Blancs），而採用紅葡萄如黑皮諾和莫尼耶皮諾釀製的香檳為黑中白（Blanc de Noirs）；還有採用紅白基酒調配的方式來釀造的桃紅香檳（Rose）。

盧瓦爾河谷（Loire）　盧瓦爾河谷被稱之為法國的「皇家後花園」——柔和起伏的山巒，映襯着河流的祥和委婉。盧瓦爾河綿延長達近 1050 千米，哺育着這世界上最少見的東西走向的葡萄酒產區。

因為是東西走向，西側靠海，東側靠內陸，所以也造成了盧瓦爾河谷各大子產區適宜種植的葡萄品種差異較大，因而這裏可以出產乾紅、桃紅、乾白、甜白及起泡酒等眾多類型葡萄酒。

法定的葡萄品種包括：長相思（Sauvignon Blanc）、白詩南（Chenin Blanc）、勃艮第香瓜（Melon de Bourgogne）和品麗珠（Cabernet Franc）。白葡萄酒比較有名氣的是普伊 - 富美（Pouilly-Fume）的長相思，但盧瓦爾河的貴腐酒和起泡酒也同樣質量優異。

西南產區 South West 西南產區緊挨着波爾多產區，所以自古就一直籠罩在波爾多葡萄酒的陰影之下，由於波爾多的保護主義，有將近五世紀的時間西南區的葡萄酒必須等波爾多葡萄酒售罄之後才能通過波爾多的經銷商以波爾多之名銷售到海外市場。其實西南產區使用馬爾貝克 Melbec 和丹娜（Tannat）來釀造的紅葡萄酒，風格同樣非常濃郁。這裏的葡萄酒大體可以分成兩類：第一類是以波爾多品種釀成的波爾多式混釀，包括紅葡萄酒、白葡萄酒和貴腐葡萄酒；第二類則是採用波爾多之外的品種釀造的乾紅、乾白、甜白、桃紅和起泡酒等。

朗格多克魯西榮 法國南部地中海岸邊的郎格多克（Languedoc）與露喜龍（Roussillon）兩個產區是全法國相對較大的葡萄酒產區，出產非常多樣的各式葡萄酒，以地區餐酒（Vins de Pays）為主，AOC 葡萄酒產量較少。除了乾紅、乾白和桃紅外，這裏的利慕起泡酒（Cremant de Limoux）和天然甜葡萄酒（VDN）都非常知名。因為這裏以地區餐酒知名，因而其最大的競爭優勢在於價格，加之日益改善的葡萄酒質量，所以偶爾被稱之為法國性價比最高的葡萄酒產區。

普羅旺斯（Provence） 普羅旺斯位於法國南部，是大畫家梵高曾經居住過的地方，並且梵高還畫過一幅畫，就是普羅旺斯的葡萄園，這裏是法國且最令人神往的桃紅葡萄酒聖地，沒有之一。普羅旺斯的桃紅葡萄酒顏色偏淡，果香濃郁，品質更是享譽全世界。這裏同時也盛產薰衣草，是一個旅遊風景不錯的產區。

汝拉 - 薩瓦產區（Jura-Savoie） 這是一個經常被大家忽略的產區，只因為這裏不僅面積很小，而且產量也不大，但因為環境特殊，葡萄酒風格獨特，在法國眾葡萄酒中獨樹一幟。汝拉產區最典型的酒叫作黃酒（Vin de Jaune），風格與西班牙的雪莉酒類似，此外這裏的稻草酒（Vin de Paille）也非常不錯；薩瓦產區則 70% 的葡萄酒都是乾白。

　　法國葡萄酒另外一個特點就是法律法規非常的嚴格，法國以及每一個葡萄酒產區都有非常嚴格和細緻的各種法律法規，包括種植、灌溉方式，每畝產量、釀造方式、葡萄品種等等。這樣概括來說，看起來好像感覺不出甚麼，給大家說一個具體的例子來感受一下葡萄酒法律的嚴格程度。2018 年 3 月法國爆出一則新聞，2016 年份的法國波爾多列位三級的美人魚酒莊（Chateau Giscours）因為涉嫌欺詐罪，兩位經理被判刑，罰款 20 萬歐元，2016 年份共計五萬三千瓶酒（總價值 230 萬歐元，接近約港幣 2,000 萬元）被銷毀。而原因只是因為 2016 年份的美樂葡萄品種在發酵時，釀酒師選擇加了一些糖。加糖就是在葡萄汁液中加入並非來自於葡萄本身的糖分，是釀酒過程的一個選擇，是釀造葡萄酒獲得更高酒精度數的一種方法。萄酒的酒精來自於糖分，所以加糖的根本目的是為了得到更高的酒精度數（無論這個原因是不是由於消費者更喜歡高酒精度數的酒而來的）。當一些葡萄被過早的採摘（很多原因，比如說預報接下來會下雨），或者由於天氣原因葡萄未能夠完全成熟的情況下，葡萄中所含有的天然糖分就會較低，如果不進行加糖處理，可能無法發酵至市場接受度的 12.5%~14% 的酒精度數。一般偏涼爽型氣候條件，或者葡萄品種屬比較難成熟的品種，會在法律上允許再發酵時額外添加一定額度的糖分，像波爾多這種每年都需要擔心葡萄成熟度的產區，法律上，加糖是允許的，但這個允許是有一定範圍的，針對葡萄品種，也針對最高可以加糖的量。

　　也就是說實際上，加糖是在波爾多被允許的，但是由於 2016 年份規定美樂葡萄品種在用於釀造特定等級的酒時不允許進行加糖處理。而美人魚酒莊在得到這個通知之前已經向酒中添加了糖分，最後就導致了這個「悲劇」。從這一點上也可以看出，法國葡萄酒的法律法規有多麼的嚴格和不講情面。但也正因為這些嚴酷的法律法規，「逼迫」法國優質葡萄酒的

形象這麼多年一直未變，並且在後起之秀競爭日趨激烈的現在，也不會讓葡萄酒愛好者對法國葡萄酒的熱情減退。

法國葡萄酒的第三個特點就是酒標都不太容易看懂，這一點其實與法律法規有些關係，因為法國葡萄酒的法律法規規定了每一個大產區甚至子產區的法定的葡萄品種，比如説，如果你想在酒標上寫是波爾多產區的酒，那酒瓶裏的酒則必須是採用波爾多的幾個法定的葡萄品種釀造，如果摻入了其他的葡萄，則不可以將「波爾多」作為法定產區寫在酒標上。

而正是因為有這種大部分產區都對應的葡萄品種法規，甚至一些還對應了釀造方式，陳年方式甚至質量等，所以往往這些大家看得懂的信息，比如説品種，使用橡木桶等等都不會出現在酒標上，因為他們覺得「產區」已經可以代表了一切，而往往這些法語的地名我們基本上完全看不懂的，所以也造成了葡萄酒，有很多是需要依賴學習才能掌握的知識。

一張照片引發的血案

在中國對於法國的葡萄酒，瞭解的人總是會分為兩個極端的立場，一種是超愛，覺得喝葡萄酒就應該喝法國的葡萄酒，其他國家的葡萄酒遠遠比不上法國的。還有一種態度是超厭煩，覺得法國酒在中國都已經做爛了，假貨、水貨遍地開花，酒標文字也是晦澀難懂。在此，我只能説這兩種觀點都沒錯，但都不全面，就好像一張紙正面是白色，反面是黑色，愛法國酒的人或許只看到了正面，而討厭法國酒的人則或許是只看到了反面。

　　之前還有一個惹起很多爭議的事情：法國前總統奧朗德上任，在媒體面前祝酒的時候拿杯子的方式錯了，沒有握杯腳，而是拿着杯壁。當這張照片被公布在百萬愛酒人士面前時，馬上引起了兩種不同觀點的激烈爭辯，一種觀點認為，作為一個葡萄酒生產大國、葡萄酒文化千百年傳承、世界知名度第一的葡萄酒大國的總統，一個要把自己國家的葡萄酒文化宣揚到全世界的總統，居然連高腳杯都拿錯，憑甚麼説服我們購買法國的酒？這邊剛有幾個法國大使在中國宣傳葡萄酒文化，教育我們要怎麼樣品酒，回過頭居然發現連你們總統都不會拿酒杯！然而另一種觀點則認為，葡萄酒文化不是要求每一個人都循規蹈矩按照規則去做，而是深入到大眾的每日生活中，並不是要求每一個人對於每一個細節都懂，中國也是以陶瓷和茶文化而聞名世界的，但是中國每個人都懂茶藝嗎？每個人都懂陶瓷嗎？

　　我個人覺得，中國葡萄酒界內的一小部分人，對於怎麼開酒、怎麼喝酒、怎麼拿杯、用甚麼杯過於追求專業化。這並不是説專業化不好，但並不是每一個人都要先成為專家才能喝葡萄酒，畢竟喝酒和專業品酒是兩件完全不同的事情。喝酒，要喝的開心，喝的舒服，喝的隨意。而品酒則要選擇合適的環境，

法國葡萄酒

用專業的酒具和正確的品酒方式。很顯然，奧朗德並不是在專業的品酒，只是在很隨意地喝酒。雖然在懂酒的人看來，有點不應該，但依舊是在可以理解的範圍內。

只不過，這樣一場辯論從側面反映出，法國的葡萄酒和其葡萄酒文化在人們心中不可替代的地位。換個角度說，如果是澳洲總統或者是美國總統這麼拿杯子，恐怕就不會有這場軒然大波了。其實澳洲和美國同樣是葡萄酒生產大國，同樣有著深厚的葡萄酒文化，同樣都能釀造出世界頂級的葡萄酒，但是大家並不會對他們的總統太多苛求。因為在人們心中，法國葡萄酒始終還是有著它不可替代的地位，從香檳到拉菲，乃至波爾多這些在中國風靡的葡萄酒詞匯，無一例外是來自法國。既然木秀於林，那麼也只有想辦法防風固沙了！

葡萄酒是一個「圈」

法國葡萄酒，之所以讓那麼多人神魂顛倒，是因為它的「淺入深出」，為甚麼這麼說呢，你可以回想一下，你初次接觸到的葡萄酒是哪個國家的？我想十有八九是法國的，就如上文所提，我們從小就開始聽說香檳，長大了又開始追捧拉菲，是法國人讓我們感知了葡萄酒這個事物。

法國
柏菲酒莊

拉菲葡萄
酒產區
Pauillac

香檳、拉菲帶着你走進了葡萄酒的世界，於是你開始好奇，除了拉菲還有哪些葡萄酒，慢慢地，你知道了還有其他波爾多名莊酒（可是喝不起）。後來，你知道了有 AOC，知道了勃艮第。這表明你進入了葡萄酒世界的第二個層次。

在第三個層次，你開始想要瞭解更多國家的葡萄酒，瞭解了「新、舊世界」葡萄酒生產大國，開始品嘗「新世界」的葡萄酒，開始瞭解世界各地的美酒。

到了第四個層次，你瞭解了自己的喜好，不僅有了喜歡的葡萄酒，還瞭解到了釀酒葡萄品種之間的差異，也確定了自己喜歡的葡萄品種。

到了第五個層次，你開始獵奇，因為你發現了小品種的可愛之處，你想要瞭解意大利葡萄酒，品嘗意大利那些本土葡萄酒品種，開始研究葡萄酒與食品的配搭。

第六個層次，你開始接觸更豐富的葡萄酒，乾白、乾紅已經無法滿足你的需求，你開始想要喝冰酒、品嘗雪莉酒、接觸貴腐酒。你開始感嘆，原來世界還有這麼多千變萬化的葡萄酒。

到了第七個層次，在世界各地的葡萄酒轉了一圈後，你已經是一個行家了，你會神奇地發現，葡萄酒這個東西，越想要去瞭解它，越會發現更多的事物等待着你去瞭解。你或許會開始研究投資、研究期酒、研究評分、研究酒莊的家族史。你發現你又回到了法國，回到了波爾多，回到了勃艮第。入門時你曾在這裏好奇的經過，但還留下了太多太多需要瞭解的問題。

這就是法國葡萄酒的魅力。它很複雜，也讓人很享受這樣的複雜。

▶━┥ 產區越小、葡萄酒越好

中國常用地大物博這個詞來形容大國的資源豐富，我們也常常認為大城市更發達，各方面條件更好，也往往會覺得，越大的省市實力會越強，比如北京、上海。我們會不自覺的認為，農村是不太發達的地方。比方說「廣西壯族自治區柳州市鹿寨縣黃冕鄉幽蘭村石沖屯」。

不過在說到法國葡萄酒的時候，剛剛好和中國的情況相反，之前介紹過，法國的酒標上很少會標記品種，但會明確的標識產區。我們可以通過產區的標識來判斷葡萄酒的品質，一般產區越小代表品質越高。比如說大家熟悉的拉菲葡萄酒，在產區地方寫的是「波亞克村（Pauillac）」，這是一個村級的地名，它屬上梅多克（Haut-Mrdoc）地區，上梅多克地區屬波爾多（Bordeaux）產區。所以如果一瓶葡萄酒的酒標上面，產區標記的是一個大產區的最大範圍的名稱，比如直接標記波爾多或者勃艮第（Burgundy），雖然產區的名氣很大，但是這麼標識的葡萄酒級別其實是最低的。

再比如勃艮第地區，葡萄園的級別對於一瓶葡萄酒的意義甚至比波爾多地區更重要，波爾多的 1855 年分級制度是按照酒

葡萄酒產區
的土壤分層

陳年中的
葡萄酒

莊來分級的，但是在勃艮第，他們的分級制度則是按照葡萄園來分級的。比如可謂天下第一的羅曼尼康第，就是以葡萄園命名，它所在的葡萄園叫作羅曼尼康第（La Romanee-Counti），所在的村莊是沃恩羅曼尼（Vosne-Romanee）酒村，所在的地區是夜丘（Cote de Nuits）地區，再往上説才是勃艮第產區。所以，當我們拿到一款法國酒的時候，要先看它的產區，當然不是每個人都記得住法國的那些村莊名稱，但是我們可以通過網絡簡單地搜索一下，就可以瞭解到這個名稱的級別，級別越細，範圍越小代表品質越高，或者説價格就會越高。

　　這就是為甚麼我前面講到，葡萄酒是一個圈，轉了一圈還會轉回到法國，因為那些小產區，小村莊的名稱真的太多了。這個時候才會體現出中華民族的漢字之偉大，就算再地大物博幅員遼闊，再沒聽説過的地名，只要在後面加上一個「村」、「鄉」、「縣」字，我們就完全能明確它的級別了。

▣━┥ 可以用來投資的葡萄酒 —— 期酒

　　法國還有一種特殊類型的葡萄酒銷售模式，叫作期酒，其本意是酒莊能提前把釀酒的成本收回來緩解現金流，消費者又可以用比市場價低很多的價格來購買到葡萄酒。但因為這個價格差異，很快就成了一種葡萄酒的投資方式。

　　每年春天，也就是上一年的收成之後，正好是波爾多列級酒莊新酒釀成之時，大批酒評家和酒商都會聚集在波爾多，來品嘗剛剛出爐的新酒，進行評價和估價，其中最引人注目的是波爾多列級酒莊聯盟會（Uniondes Grands Crusde Bordeaux）舉辦的期酒品鑒會。這個時候，大部分酒莊會據此公開發售一定數量的葡萄酒期酒。一級酒商在買到期酒後，又會將期酒發售給次級酒商，從中賺取差價。

注意，這個時候賣的其實就是一紙合同，而不是真正的酒，酒在哪裏呢？酒還在各大酒莊的酒窖裏儲存着呢，一般還要在橡木桶中陳放一年半左右，才會發貨給一級酒商，再運送給消費者。

葡萄酒跟中國房價拼漲速

「拉圖退出期酒」「2011 年期酒有史以來第一次下跌」「葡萄酒投資過時」……自 2011 年以來，一宗宗關於期酒的不利新聞開始接踵而來，但是負面新聞也是話題，如果它不是一個還在流行的話題，那麼關於它的事情又怎麼會當作一個新聞來發表呢！2011 年期酒出現下滑的趨勢是必然的，雖然現在在這裏講有一點馬後炮，但其實在當時炒得最火熱的時候，我就在 QQ 空間裏寫到過，這是一個必然的經濟規律，甚麼東西被炒得過火了都不要去碰它，明知道這個泡沫早晚會破，沒有本事能掐好時間在破滅前出手，那麼就乾脆不要冒這個險。葡萄酒期酒，漲勢可謂是從開始以來就沒有下滑過。我們就拿 1982 年的拉菲做例子，它在 1983 年出售的時候為僅 22 英鎊，到 2010 年的時候價值為 3600 英鎊，足足增長了 163 倍。時至今日，1982 年的拉菲酒市場的價格在接近港幣 10 萬元（約為 11,395 英鎊）左右，我想這個漲幅基本上與中國一線城市的房價相差不多了吧。

但是，有一個道理是永遠不變的，那就是「物以稀為貴」，2009 年的葡萄酒的確是個千載難逢的好年份，但是好年份不能

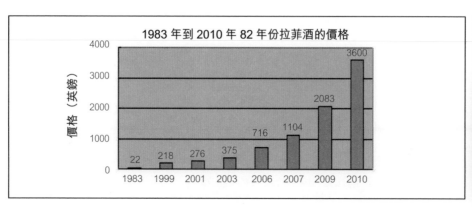

年年有，偏偏趕上 2010 年也是個好年份。而且酒商在 2009 年的大幅渲染之後絲毫沒有低調的意思，繼續大肆炒作 2010 年這個年份的葡萄酒，導致到 2011 年的時候，雖然仍然是好年份卻無人買帳。我想，這大概就是為甚麼 2011 年也是不錯的年份，羅伯特・帕卡卻也沉默了，以他的水平不會不知道 2011 年是一個好年份，而他當時的態度卻是「連嘗都不想嘗一下」。也許業內人士都知道，2011 年就是再好，也炒不起來了。與其連續 3 個好年份的葡萄酒，倒不如在幾個不太好的年份酒中出現一個高性價比年份酒，讓大家重拾對期酒的信心。

這也是法國葡萄酒期酒的一個誘人之處[3]，它就像股票一樣（只是保險係數比股票高一些），讓人在分析、挑戰、冒險的同時有樂趣、有品位、有所期待。其實換個角度想想，如果我們有這個能力，花低價位購買期酒放到接近適飲年份再賣掉，到時哪怕只賣 2/3 也可以賺回所有的投入了，那麼剩下的美酒還可以自己享受，這樣的好事何樂而不為呢？只是拜託那些所謂的「專家」，不要再來炒作攪和這本應平靜的市場。我遇到過這種所謂的「專家」，我覺得與其說他們愛酒，不如說他們愛錢、愛地位、愛名利、愛自己。

拉菲為甚麼那麼貴

飯桌上，經常被人問到這個問題？拉菲酒是和別的酒不一樣嗎？是葡萄品種特殊嗎？為甚麼那麼貴？其實很多人都有類似的問題，葡萄酒都是葡萄釀造而成的，為甚麼有的二三十塊錢就能買到，而有的兩三萬都不夠買一瓶，究竟他們的差別在哪裏？除了列級酒莊和膜拜酒，大部分葡萄酒的價格差異區間基本就是在幾百元到幾千元。那麼為甚麼拉菲就要那麼貴？一瓶酒就要好幾萬？它到底貴在了哪裏？

拉菲酒莊

3　基本上只有法國酒才會每個年份有這麼大的價格變化，而且同一瓶酒在不同年份購買價格也不同，所以可以用來投資。

拉菲葡萄酒的價格，有一部分是市場需求所抬高的價格，但即便除去市場的影響，拉菲酒莊的葡萄酒依然有它貴的理由。從原料、釀造工藝到陳年都有它貴的原因。

首先，採摘方式的不同，很多大牌酒商為了加快採摘的速度，降低成本，會使用機器採摘。而用於釀造高品質葡萄酒的葡萄則需要人工採摘，像拉菲葡萄園到了採摘季，採摘葡萄的工人就高達 500 人，500 人同時採摘，即保證了葡萄的質量，也避免了手工採摘拖延時間。但 500 人的採摘成本則遠高於機器採摘，並且為了節約時間，需要在採摘的同時進行篩選，而一般的葡萄酒通常是不會進行篩選或者在採摘之後才進行篩選的。

另外，拉菲最與眾不同的是，所有拉菲酒莊的正牌葡萄酒一律用 100% 的新法國橡木桶發酵釀製。很多酒莊，包括一些很有名氣的知名葡萄酒品牌，都是使用不銹鋼發酵罐發酵釀造的，不僅是因為橡木桶的造價高，同時也因為橡木桶極其難清洗。所以現在很多酒莊已經停止使用橡木桶作為發酵的容器，而只是作為陳年的容器。但拉菲酒莊不僅堅持使用 100% 新橡木桶，並且為了保證橡木桶的質量，還自己製造橡木桶。所以橡木桶的成本和人工成本也會計算到酒的成本中去。

當然，像拉菲這樣的品牌，還要將葡萄酒本身質量之外的因素考慮進去，比如酒莊的級別，比如市場需求，比如羅伯特·帕克的評分，比如一些酒商的炒作等。

波爾多的
酒莊城堡

🍾━┫ 不知名產區的知名酒

在這裏説香檳、羅納河谷這樣的產區不知名，實在是罪過了，暫且算是相對於波爾多而言這樣説下吧。法國除了波爾多的列級酒莊和勃艮第的頂級葡萄園之外，還有紅瓦房阿爾薩斯，其生產的白葡萄酒產量佔法國白葡萄酒總量的 1/5；羅納河谷的教皇新堡產區；法國最大的葡萄酒產區朗格多克‧魯西榮；滿目熏衣草的普羅旺斯，其桃紅葡萄酒產量位居世界第一；汝拉產區，其生產的黃葡萄酒是這一地區的代表酒款。如果有機會去各個產區旅遊，一定不要錯過各個產區的代表酒款。

🍾━┫ 為甚麼你只聽説過波爾多

如果 10 年前或 5 年前問你，或更近就這一兩年問你，你知道哪些葡萄酒的產區？大部分人只會回答出波爾多，只有小部分的人，會在回答出波爾多之後，説出一些別的產區。為甚麼我們只知道波爾多？

絕對不是因為波爾多的酒最好，因為它不是（波爾多的廉價餐酒佔比很大），也絕對不是因為波爾多的酒最貴，因為它也不是（最貴的酒在勃艮第），那麼它為甚麼如此深刻地印在我們的腦海中呢？

波爾多葡萄樹

波爾多葡萄園

或許只是近幾年，大家才開始對葡萄酒比較熟悉，又或許只是前些年，你才開始注意到葡萄酒，瞭解波爾多。現在回想起來，可以發現，自從葡萄酒這幾個字在市場中流行起來時，波爾多這三個字就不停地出現在我們眼前、耳邊，揮之不去。其實，在我們還沒有注意到葡萄酒，還不知道法國波爾多的時候，波爾多酒商就已經在幕後做了大量的工作。

在我們國家買米還需要用糧票的年代，波爾多的葡萄酒商就已經開始打中國市場的主意了。波爾多的酒商不僅開始向中國出口葡萄酒，並且深入地研究了中國市場，他們細緻地制訂了波爾多葡萄酒在中國市場的開發策略，從波爾多葡萄酒的整體市場定位、品牌定位細緻到活動安排、培訓品鑒、文化宣傳等都做了周密的計劃和安排，並且按照這個計劃一步步打入了中國市場。

起初由於中國所處於的年代，葡萄酒絕對是極為高級的奢侈品，也只能被當作奢侈品享用，法國波爾多酒商也看准了這個市場，在各種宣傳渠道中塑造波爾多葡萄酒貴族奢侈的形象，打入了中國最高級的市場，比如當時舉辦的「奢品藝術級波爾多」從活動的名稱中就能看出來他們當時的定位。這一策略延續了很久，直到今天依舊有很多人認為生產葡萄酒最好的國家就是法國，最好的產區就是波爾多。隨着中國經濟的繁榮富強，人們的生活水平迅速提高，達到小康生活的人群越來越多。法國人發現不是只有最高級的人群才有能力購買葡萄酒，相反，越來越多的中層白領和時尚人群都開始進入到葡萄酒的購買大軍，

波爾多葡萄酒

波爾多大區葡萄酒

他們意識到繼續保持高不可及的形象勢必會錯失更大的中國市場。從那之後他們對波爾多重新定位，直到今日，他們一直宣傳着一種更加親民平民的概念。比如每年都會在中國各地舉辦的「隨時隨意波爾多」，從名字上就可以感受出有多親民，隨時都可以喝一點波爾多酒，這不就是日常飲用葡萄酒嗎，跟過去單純的奢侈貴族的風格完全不同了。

雖然，現在很多人會説，波爾多的酒越做越雜，越來越亂，但是我們不得不佩服波爾多葡萄酒商人的市場營銷本領，他們願意做先鋒部隊，在前期投入大量的精力和金錢做市場調查和市場培育，得到如今的回報理所應當，我們也應該尊重波爾多人這些年來在中國市場上做出的成績。

知名酒莊介紹

法國知名的酒莊有很多，其實大部分在網上都可以找到相關的介紹。除了波爾多之外，勃艮第、羅納河谷、朗格多克等知名的葡萄酒產區也都有出產頂級葡萄酒的酒莊。這裏給大家介紹幾個比較常見的酒莊。

木桐酒莊
（Château Mouton Rothschild）

　　木桐葡萄園的土地最早稱為 Motte，意為土坡，即 Mouton 的詞源。1720 年布萊恩男爵（Joseph de Brane）開闢葡萄園時，確定了木桐的領地權，這塊葡萄園便稱為「布萊恩 - 木桐（Brane-Mouton）」。1853 年，菲利普男爵的高曾祖父納撒尼爾·德·羅斯喬德男爵購買木桐酒莊時，已有 37 公頃葡萄園，種植的葡萄以赤霞珠為主。購買酒莊 2 年後，便經歷了著名的 1855 年波爾多分級，木桐酒莊被列為二級葡萄園莊，當時波爾多「葡萄園分級聯合會」 認為木桐在二級中出類拔萃，所以列為二級頭名。

　　購買酒莊後，羅斯喬德家族雖然世世代代在改善葡萄園和釀酒上努力，但誰也沒有親自在波爾多經營酒莊。直到 1922 年，20 歲的菲利普男爵正式掌管木桐酒莊，成為羅斯喬德家族第一個認真經營酒莊的人。菲利普建立了管理制度，改善葡萄園，1924 年他首創了葡萄酒瓶裝線，1926 年他增建 100 米長的橡木桐陳年窖，將木桐酒莊從一個普通農村莊園變為世界先進的頂級酒莊。由於木桐酒莊葡萄酒的質量高，使其價格一直在高位，有時甚至超過四大頂級酒莊的酒價。因此菲利普提出木桐酒莊升級，並為此努力了 20 年。1973 年木桐正式升級為一級

葡萄園莊，是波爾多分級後唯一一個升級的酒莊。從此，木桐酒莊成為法國波爾多五大頂級酒莊之一。

瑪歌酒莊（Chateau Margaux）

瑪歌酒莊是 1855 年波爾多葡萄酒評級時的頂級葡萄酒莊之一。連同奧比昂酒莊、拉圖酒莊、拉菲酒莊及 1973 年入選的木桐酒莊，並稱波爾多五大名莊。其位於波爾多酒區的梅多克分產區，氣候土壤條件得天獨厚，葡萄園面積 87 公頃，其中 78 公頃種植葡萄，產量很少，平均葡萄樹齡為 35 年，葡萄品種以赤霞珠為主，佔 75% 左右。瑪歌酒莊以出產紅葡萄酒為主，只產少量的白葡萄酒。正牌酒為瑪歌，副牌酒為紅樓（Pavillion Rouge）。瑪歌酒莊的城堡建於拿破侖時期，是梅多克地區最宏偉的建築之一。

瑪歌酒莊歷史悠久，已有數百年歷史，如同人的命運一樣，瑪歌酒莊也有着它的輝煌與低迷，它的歷史留下了世代承襲家族生活的烙印。早在 1787 年，對法國葡萄酒痴迷有加的美國前總統托馬斯·傑弗遜就曾將瑪歌酒莊評為波爾多名莊之首。斯托納（Lestonnac）家族長期擁有瑪歌酒莊，到 1978 年，經營連鎖店的澤洛普洛斯（Mentzelopoulos）家族購買了酒莊，大量的人力和財力投入使瑪歌酒莊的酒質更上一層樓，達到了巔峰。

奧比昂酒莊（Chateau Haut-Brion）

波爾多的頂級酒莊極少在頂級酒單上重複出現，只有奧比昂酒莊是例外，它是唯一一個紅白葡萄酒都名列頂級酒單的酒莊。奧比昂酒莊有很多的例外，它是最早以酒莊名號聞名歐洲的波爾多酒莊。1855 年分級時又續寫了另一次例外，當時所有紅葡萄酒列級的酒莊都在梅多克，而奧比昂酒莊在格拉夫，也榮列一級酒莊。奧比昂酒莊不僅紅葡萄酒聞名世界，白葡萄酒也極為出色，香氣馥鬱芬芳，是波爾多所有乾白葡萄酒中香氣最複雜的一種，其口感圓潤，質感精緻，綿長迷人，風格獨特，

具有超凡的陳年潛力。奧比昂白葡萄酒產量極少，一價難求，是波爾多乾白葡萄酒之王。

奧比昂酒莊由強·德·邦達克創建於 1550 年。考古資料顯示，奧比昂酒莊一帶早在羅馬時代就已開始栽種葡萄，然而關於葡萄園最早的正式記載則出現在 1423 年以後，當時的酒均以莊主的名稱命名。以奧比昂為例，當時的莊主邦達克以其姓氏為自家的酒命名，後來由於佳釀的名聲日益昭着，酒莊名便取代了酒名，自此之後，葡萄酒與酒莊同名的新概念就此誕生。當時著名的酒評人杉繆·佩匹曾於 1663 年 4 月 10 日寫道：「這種名為奧比昂的法國葡萄酒滋味美妙獨特，我第一次品嘗到如此特殊的佳釀……」

白馬酒莊（Chateau Cheval-Blanc）

白馬酒莊佔據了聖埃米裏翁（Saint-Emilion）獨特的地理位置，其神秘的酒莊名、無與倫比的品麗珠（Cabernet Franc），以及出品的簡單而又驚人的葡萄酒，使白馬酒莊成為許多人心

中不可抗拒的誘惑。白馬酒莊是聖埃米裏翁列級名莊中第一級
A 組中排名第一的酒莊，酒莊面積已達 41 公頃，也是近年來世
人常稱的波爾多八大名莊之一。

　　白馬酒莊是在 19 世紀初成園，正式命名為「白馬酒莊」是
在 1853 年。為甚麼叫白馬酒莊有兩種傳説，一種説法是以前酒
莊的園地有一間別致的客棧，供亨利國王騎白色的愛駒路過此
地時休息。因此客棧就取名「白馬客棧」。後來改為酒莊後也順
稱白馬酒莊。另一種説法是此地屬飛卓莊 [4] 時並未大面積種植葡
萄，而是養馬的地方，所以被出售並大面積種植葡萄成為酒莊
後正式取名白馬酒莊。無論如何，白馬酒莊是聖埃米倫區被同
一家族擁有最長時間的酒莊。

拉圖酒莊（Chateau Latour）

　　拉圖酒莊位於波爾多西北 50 千米的梅多克分產區的波亞克
村，氣候土壤條件得天獨厚。葡萄園面積 65 公頃，其中 47 公
頃在領地的中心地帶。葡萄品種以赤霞珠為主，佔 75% 左右，
美樂佔 20% 左右。其出產的葡萄酒會在新橡木桶中陳年 18
個月。拉圖酒莊產的葡萄酒丹寧豐富，通常要十到二十年才
能成熟。

　　在 15 世紀中期，這裏建造了用於河口防禦的瞭望塔，位於
距吉倫特河岸大約 300 米的地方，被稱為聖莫伯特塔（Saint-
Maubert Tower），是一個至少有 2 層的方形瞭望塔。現在這個
被稱為聖莫伯特塔的建築早已經不存在了，矗立在拉圖酒莊內
的圓形白色石塔建於 1620 年至 1630 年，原來是一個鴿子房。
此後，這座白色石塔成為拉圖酒莊的標誌性建築，它「目睹」
了酒莊 300 多年來的滄桑變幻。

4　飛卓酒莊（Chateau Figeac）位於波爾多右岸聖埃美隆（Saint-Emilion）
產區最西邊與波美侯（Pomerol）的交界處，北鄰白馬酒莊（Chateau
Cheval Blanc），在 1955 年被評為了聖埃美隆一級 B 等酒莊。

羅曼尼·康帝酒莊（La Romanee Conti）

　　羅曼尼·康帝酒莊是法國最古老的葡萄酒莊之一，談到它時，即使是頂級波爾多酒莊的主人也會表達崇高的敬意。曾掌舵伊甘酒莊（Chateau d'Yquem，波爾多頂級酒莊之一）長達30餘載的老貴族——亞歷山大·德·呂合薩呂斯伯爵就曾經提到過，在他家只能輕聲而富有敬意地談論羅曼尼·康帝酒莊。

　　羅曼尼·康帝酒莊最早可以追溯到11個世紀之前的聖維旺·德·維吉（Saint Vivant de Vergy）修道院。12世紀開始，在西多會教士的建設之下，其區域內的葡萄種植和釀酒已在當地有一定聲譽。13世紀時聖維旺修道院陸續又購買或接受捐贈了一些園區。1276年10月的某一天，時任修道院院長的伊夫·德夏桑（Yvesde Chasans）又買下了一塊園區，其中就包含現在的羅曼尼·康帝酒莊。

　　羅曼尼·康帝酒莊聲譽日增，其所產的葡萄酒價格也扶搖直上。康帝親王於1760年7月18日以令人難以置信的高價購入羅曼尼酒莊，從而使羅曼尼酒莊成為當時世界上最昂貴的酒莊，並確立了其至高無上的地位。1869年葡萄酒領域非常有名的雅克·瑪利·迪沃·布洛謝（Jacques Marie Duvault Blochet）以260,000法郎購入羅曼尼·康帝酒莊，至此羅曼尼酒莊酒品質得到全世界的認可，鑽石又重新閃耀世間！1942年，亨利·勒華（Henri Leroy）從迪沃·布洛謝家族手中購得羅曼尼·康帝酒莊一半股權，直至今天羅曼尼·康帝酒莊一直為兩個家族共同擁有。

第三節

意大利──最難懂的國家

　　我雖然經常喝意大利葡萄酒，但很慚愧，還不能真正領悟意大利葡萄酒的靈魂，或許是因為它的底蘊太過深厚、內容太過豐富了，它充滿着一種神秘感，同時又很矛盾地給了我一份親切感。意大利被認為是最難懂的一個葡萄酒國家，遍地葡萄酒產區，3000 多個葡萄品種，一下子酒名，一下子產區名，一下子品種名，同樣的品種在不同地方還叫不同的名稱。要想搞懂這個國家的葡萄酒文化還真是要下一番功夫才行！

意大利葡萄酒

低級別的頂尖酒

　　意大利有着比法國更加悠久的葡萄酒歷史，有着同樣嚴格的葡萄酒分級制度，但是與法國不同的是，意大利人民的熱情和創新意識也凝聚在了葡萄酒中，意大利的酒標往往在設計上比其他「舊世界」酒標更有創意，藝術感也更為強烈，五顏六色的酒標堪比「新世界」葡萄酒標的樣式。

首先介紹一下意大利葡萄酒的分級體系：

1. 日常餐酒（Vino da Tavola 或 VDT）

這種酒很少有瓶裝酒，大部分是散裝酒，常見於意大利本地餐廳常用的招牌酒。

2. 地區餐酒（Indicazione Geografica Tipica 或 IGT）

指意大利某地區釀製的具有地方特色的餐酒，它對葡萄的產地有規定——要求釀酒所用的葡萄至少 85% 來自特定的產區，同時必須由該地區的酒商釀製。

若 VDT 級葡萄酒的產區已經達到 IGT 規定的要求，可以申請升級為 IGT 級。需要注意的是，在意大利西北部的瓦萊達奧斯塔產區（Valle d'Aosta），人們用法國的地區餐酒 VDP（Vin de Pays）來表示 IGT，而在南蒂羅爾（Sudtirol）產區則用「Landwein」（地區餐酒）來表示 IGT。

3. 法定產區級葡萄酒（Denominazione di Origine Controllata 或 DOC）指必須按照產區規定的種植、釀造方式生產葡萄酒，並經過檢驗認證。

4. 優質法定產區級葡萄酒（Denominazione di Origine Controllata e Garantita 或者 DOCG）

這個等級適用於已經是 DOC 等級的產區，因一些產區出產的葡萄酒品質優良，高出一般 DOC 級產區的品質而給予認定。從 DOC 級產區升到 DOCG 級最少需要 5 年的時間。

雖然意大利也有着嚴格的分級制度，但是很多意大利釀酒師勇於打破傳統而釀造出頂級的好酒，最終卻因為沒有按照當地的釀酒規則（比如法定品種的運用），導致這種頂級的好酒卻處於一個很低的級別。所以，如果遇到意大利 IGT 級別的卻要成千上萬的葡萄酒也無須驚訝。有些 IGT 級別的葡萄酒，無論口感和價格都遠

意大利葡萄酒酒標

遠地超過意大利最高級別 DOCG 的葡萄酒。這也是意大利葡萄酒魅力的一部分吧。

🍾—╡ 村莊名？產區名？酒名？品種名

意大利是種植釀酒葡萄品種最多的國家，全國有 3000 多個葡萄品種可以用來釀酒，並且多是意大利本土的葡萄品種，世界其他產區很少會出現，而且名稱冗長，又是意大利文，讓人很難記得住。但是最讓人頭疼的還不是這些難記的小品種，而是你根本分不清，意大利葡萄酒哪些是品種名稱，哪些是酒名，哪些是地區名稱。

這些名稱，如果是在「新世界」葡萄酒國家，非常容易被區分，比如説 Barossa valley penfolds Bin389 cabernet shiraz，一看就知道 Barossa valley 是產區，Penfolds 是酒莊，Bin389 是酒名，Cabernet Shiraz 是葡萄品種。但是意大利的那些名稱卻很難辨認，也難界定。比如説基安蒂（Chianti），本身是產地名稱，但由於這個產地的酒都由這個產區命名，所以基安蒂同時也是酒名。而古典吉安蒂（Chianti Classico）則是由 Chianti 延伸得來的酒名，並劃分出一個區域專門釀製這種葡萄酒。再比如意大利西北部皮爾蒙特（Piedmont）產區的那三寶：巴巴萊斯科（Barbaresco）、巴羅洛（Barolo）和巴貝拉（Barbera）。

意大利葡萄
酒產區

這三款酒可謂同為意大利皮埃蒙特產區的特色葡萄酒，舉世聞名，但是巴巴萊斯科和巴羅洛都是源自於產區名稱的酒名，它們的釀造品種都是內比奧羅（Nebbiolo），而巴貝拉則本身是葡萄品種的名字，酒也因葡萄品種而得名。

意大利的葡萄酒名可能來自以下幾種情況：

1. 因產區得名；

2. 因級別得名；

3. 因品種得名；

4. 因特殊風格或意義得名。

所以，一個名稱可能同時是產區名，也是酒名，這個產區中，還可能存在其他葡萄酒，而這個葡萄酒又會因為某些因素（如村莊名、特殊含義）有其他的酒名。這麼錯綜複雜的關係，想要捋清、熟記的確不是一件容易的事情。

因不懂而受歡迎

意大利葡萄酒也是一個塞翁失馬的例子，因為難懂，所以讓人比較難接受，而又因為大家不太容易接受，所以價格相對較低，故而性價比高，受到一些侍酒師、酒評家的極力推薦。所以說難懂，也不一定是個壞事。

曾經看到一篇文章中作者教大家如何選擇 300 元左右的好酒，第一條規則便是買意大利小品種葡萄酒。意大利的小品種葡萄酒大家知道的不多，所以性價比極高，口感也常超出人們的期待，所以 300 元就能買到非常不錯的。那位作者還非常風趣地說，只要你看到意大利那些又長又看不懂的酒名時，你就點吧，准沒錯，越複雜越看不懂就越可以放心地去選擇。

▶━┥ 羅密歐與茱麗葉的家鄉

莎士比亞筆下的淒美愛情故事就有發生在意大利，羅密歐與茱麗葉的愛情在維羅納產區完結。這種苦澀戀情的味道也在這裏得到的永存，那就是著名的阿馬羅內（Amarone）葡萄酒，Amarone 在意大利語中有苦澀的意思，而諧音又是愛情的意思。阿馬羅內這種酒是將葡萄採摘後放在有空氣流動的室內進行風乾，一般要風乾 3 個月後再進行發酵，因為水分被風乾掉一部分，所以釀出的葡萄酒濃烈而悠遠，愛的味道、愛的深意都在這款酒中體現，故而成為當世佳釀，也因風格特殊，價格適中，成為不少葡萄酒愛好者們愛不釋手的酒款。

▶━┥ 知名酒莊介紹

瞭解葡萄酒，也要瞭解一些知名的酒莊，這樣你和別人談論葡萄酒的時候，至少也多了談資。

意大利的「拉菲」──西施佳雅酒莊（Sassicaia）

1978 年，英國最權威的《Decanter》（醒酒器）雜誌在倫敦舉行世界卡貝耐紅酒的品酒會。期間包括著名品酒師休‧約翰遜（Hugh Johnson）、施慧娜（Serena Sutcliffe）、克拉夫‧柯特斯（Clive Coates）等在內的評審團一致好評，1972 年的西施佳雅葡萄酒從來自 11 個國家的 33 瓶極品葡萄酒中脫穎而出，成為世界上最好的赤霞珠紅葡萄酒。至此，西施佳雅終於聞名世界，成為意大利當之無愧的酒王，同時也成為六十大「超級托斯卡納（Super Toscana，指一些滿懷熱情強調獨創性的釀酒師，在葡萄品種、混合比率、釀製方法等方面對傳統做法進行大膽革新，釀製出獨特而優質的葡萄酒）」的頭號作品。

意大利最大的卓林酒莊（Zonin）

卓林酒莊當之無愧是意大利最大的酒莊，它有 11 個葡萄園，遍布意大利幾個大區，甚至在美國也擁有 1 個葡萄園。卓林酒莊在意大利的葡萄園佔地 3700 公頃，其規模是意大利私有

酒莊中最大的，在整個歐洲名列第三。與古老的城堡相比，新建的釀造廠十分看重與原有環境的協調，當地政府部門對新報建項目批復時也會考慮新舊建築的協調統一。

卓林酒莊中辦公室之間的走廊實際上就是一座葡萄酒博物館，古老的馬車、採摘葡萄用的籃子、壓榨機等用具充斥其間，還有各種各樣的開瓶器和很多的葡萄酒。卓林酒莊的地下酒窖建築風格獨特，步入其中會有一種進入古羅馬宮殿的感覺，這裏的燈光好像使用了教堂裏的採光技術，沒有一束直射的光線。卓林酒莊種植了 150 多種葡萄，其中 80% 的品種屬紅葡萄。所產葡萄酒覆蓋從 ASTI DOCG 系列到經典的 DOC 系列，這些產品均保留了意大利傳統經驗，同時又吸取了國際先進的釀造技術，使卓林酒莊的葡萄酒暢銷世界。

卡斯特羅 · 班菲酒莊（Castello Banfi）

班菲酒莊地處意大利托斯卡納（Tuscany）地區，在意大利是家喻戶曉的珍寶，享有「藝術酒莊」之稱（很多是因為班菲酒莊多使用藝術作品、畫作來作為酒標）。在短短 30 年內，它一躍成為世界一流酒莊中的一顆耀眼明珠。

該酒莊由很多單一葡萄園組成，這裏具有優異的氣候和土壤條件，種植的葡萄品種有霞多麗和灰比諾等。除了種植這些葡萄外，這裏還先後進行了多種法國著名葡萄品種的種植實驗，如種植赤霞珠、美樂、長相思等，而這些品種都是幾個世紀從未在托斯卡納的土壤上種植過的；此外，班菲酒莊是第一個引入桑嬌維塞克隆品種的意大利酒莊。在意大利 45 種被許可的桑嬌維塞克隆品種中，有 6 種來自於班菲酒莊。班菲酒莊幾十年的品種研究和種植試驗成就了布魯奈羅（Brunello，產自本土的桑嬌維塞品種）葡萄酒的復興。而布魯奈羅也成為了目前意大利頂級的酒款之一。

最具國際化意識的馬西（Masi）酒莊

　　馬西莊園坐落於一片森林保護之中，據説當年但丁流浪到此地，看此地風光與故鄉佛羅倫薩極相似，十分喜歡，便在此置業定居。直至今天，美麗的田園風光加上詩意的但丁傳奇仍吸引了世界各地的遊客。很久以前，馬西莊園還是一片汪洋，後來水退去，土地異常豐沃，極其適合葡萄藤和橄欖樹生長，這裏就成了馬西公司的莊園。

　　今天，在馬西酒莊的酒窖裏，人們用藍色馬賽克和一個個碩大的橡木桶記錄着這段滄海桑田的歷史。馬西酒莊的主人全球游歷，與各地的酒界人士廣泛交往，吸納各方優秀經驗，使馬西酒莊擁有了全球性的聲譽。如今馬西早已成為一個國際性的大公司，它的葡萄酒在中國也有着良好的銷售業績。馬西公司還致力於各種酒文化交流促進活動，其設立了兩項大獎，一項獎勵本地在科技、文學領域做出突出成就的人士；另一項用來獎勵全球各地促進葡萄酒事業發展的人士。

澳洲——變成酒痴的地方

　　澳洲的葡萄酒歷史並不長，卻是葡萄酒世界中的一匹黑馬，尤其是在南澳，那種深厚的葡萄酒文化很難想像會出現在一個僅有 200 多年歷史的國家。在去澳洲之前，因為酒精輕度過敏我是一個滴酒不沾的人，第一次喝「葡萄酒」，是在朋友家喝的酸酸甜甜的加着冰的「葡萄酒」，那時葡萄酒對於我來說，就是一張白紙。而到了澳洲，短短 2 年時間，這裏的葡萄酒文化讓我毅然決然地選擇了葡萄酒專業，且不折不扣地一直在這條路上走了下來。是甚麼樣的魅力讓一個對葡萄酒一無所知的人變成一個酒痴？所以不要輕視「新世界」，「新世界」是一個充滿驚喜和奇跡的選擇。

澳洲葡萄酒文化之旅

　　如果不是因為低頭看見微風吹過葡萄葉微晃，抬頭看到了天上的白雲緩緩地飄過，你會以為時間停止了腳步，地球忘記

澳洲葡萄園

了轉動，只有杯中紅酒在旋轉，只有天地間這股酒香在飄動。
澳洲，這個地廣人稀的世外桃源，釀造了一杯杯使人驚喜的葡
萄酒，造就了一幕幕讓人沉醉的葡園景致。

你可能認為澳洲不過 200 年的歷史，它的葡萄酒歷史又能
有多久，但是，當你看到每周五晚派對開始，大街小巷人頭攢
動，每個人都手持一杯葡萄酒助興；當你看到周六一早葡萄園
區車來車往，各個酒窖的大門敞開，每個人都不會錯過品一品
葡萄酒滋味時。你會驚訝於這濃厚的葡萄酒文化，會好奇地淺
嘗這片土地醞釀的酒液，之後，你會開始留戀那深沉的感觸，
那安逸的情調。那麼，是甚麼造就了這些呢？

零售商權勢集中

澳洲葡萄酒產業目前擁有超過 2000 個葡萄酒公司，5000
個葡萄酒品牌，且同時存活在這個市場上。然而除了一些大品
牌外，平時很少會看到和聽到葡萄酒的廣告，即便是大品牌也
只有一些宣傳海報，基本上不會在電視中出現廣告。但這些品
牌都安然地存活着，雖然偶爾有一兩個出局，但是總會有新的
填補，而且它們依舊可以在這個市場中立住腳跟繼續發展。是

Dan Murphy 超市

甚麼造就了澳洲葡萄酒產業在沒有廣告推動的情況下，依舊可以這樣生生不息呢？

首先，澳洲政府對葡萄酒有保護政策。澳洲政府基本上不進口其他國家的產品，這一政策不僅限於葡萄酒，也包括其他很多產品，比如說水果。澳洲的香蕉曾一度上漲到16澳元（約港幣85元）每公斤，即便如此政府依舊不允許進口。這種政策使得國家自身的葡萄酒產業與其他國家之間沒有任何競爭。

其次，澳洲葡萄酒零售商的勢力比較集中。一般都是廠家把酒賣給經銷商，經銷商再賣給終端市場。不過，澳洲的終端市場情況與中國有很大區別，澳洲的市場基本上處於半壟斷狀態。

法律規定買酒人的年齡必須超過18歲，所以澳洲超市裏不可以賣酒。買酒只能去以下6個葡萄酒專營店：Liquor land，Vintage Cellars，Choice Liquor Superstores，Theo's，BWS 和 Dan Murphy。前四家是屬同一個公司，後兩家屬於同一個公司。也就是說澳洲的酒專營店一共只有兩個公司而已。這就使得經銷商在賣酒的時候沒有太多的選擇，而廠家也就無須做廣告促銷等工作，甚至廠家在定價上也顯得無能為力，因為零售商的勢力太大太集中，他們甚至有能力壓制經銷商的價格。因為零售商可以以非常低廉的價格進到高品質的葡萄酒，所以在市場上葡萄酒的性價比非常好，20澳元（約港幣106元）就可以買到品質很高的葡萄酒，這也吸引了更多消費者來購買。

澳洲葡萄酒專賣店貨架

最後，由於澳洲地廣人稀，大部分人住在郊區，為了各區域的居民方便購物，每一個區都有一個獨立的小型購物中心，其中只有一家葡萄酒專營店，所以各個專營店之間即便不屬同一公司也並不存在競爭關係，也無須大幅度降價促銷和做大規模的廣告宣傳了。

以上這幾個方面的原因造就了澳洲葡萄酒產業與消費者之間的一個良性循環。由於品牌很多，消費者在選擇葡萄酒時更看重葡萄品種和價格，葡萄酒專營店裏的擺放也是根據葡萄酒品種與價格而非品牌來定的，這就使零售商在進貨時更看重葡萄品種與性價比，致使經銷商不在乎牌子的大小，廠家也就不在乎開發新的品牌。

酒窖門店推廣文化

若不明白是甚麼推動了澳洲葡萄酒文化，那麼來感受一下澳洲酒廠的酒窖門店（Cellar Door）吧。澳洲酒廠大部分都集中在葡萄酒產區，且大部分葡萄酒廠的酒窖門店都和酒廠相鄰或相隔不遠。澳洲大大小小的葡萄酒產區一共有 24 個，西澳的產區數量最多，南澳的產區產量最大，以至於南澳自稱為葡萄酒省，其中最出名的巴羅薩谷（Barossa Valley）就擁有 100 多個葡萄酒廠，70 個對外開放的酒窖門店。酒窖與酒窖之間相隔很近，有些開車只有不到 2 分鐘的距離，住在附近的人散步的時間就可以逛幾個酒窖了。

禾富酒莊酒窖門店

奔富酒莊酒窖門店

　　這些酒窖門店可以說是風情萬種，各有特色。禾富酒莊（Wolf blass）還沒有進門就給人一種很摩登高檔的感覺，一眼望去兩側的落地玻璃，顯著位置擺放的高傲張揚的黑色鷹雕，進入酒窖通體舒暢，視野寬廣，現代而時尚。其附帶產品很多，與其說是葡萄酒的酒窖倒不如說是禾富酒莊品牌的專賣店，讓人忍不住想要去參觀每一件物品。而奔富酒莊（Penfolds）酒窖的感覺則完全不一樣，外邊是紅色的磚牆，未添加一絲修飾，保持着古香古色的風情，一進門四周依舊是紅色磚牆，牆上掛着酒廠的歷史介紹，進入房間，門的兩側就是清一色的奔富酒莊葡萄酒展，連垃圾箱都是橡木桶改造的，牆上設計有儲藏酒的酒架，不管上邊放的是真葡萄酒抑或只是空瓶子，整個酒窖給人濃厚的葡萄酒文化氣息。房間四周沒有玻璃窗，讓人感覺進入了一個封閉的葡萄酒世界，在其中盡情暢遊，不願離開。

　　規模小一些的酒廠酒窖也毫不遜色，有一家我曾經去過的酒窖，給我留下了很深的印象，酒窖的裝飾讓人有一種家的感覺，暖暖的壁爐旁邊還有書架，上邊放着各樣的與葡萄酒以及

與這個葡萄園有關的畫冊。給我印象最深的是一個裝有狗照片的畫冊，名字叫作酒莊寵物狗，是這個葡萄酒產區所有葡萄酒公司寵物的照片，哪隻狗是屬哪一個公司的都有介紹。一本小冊子把幾十家酒廠都連在了一起，連成了一個大家庭，讓人倍感溫馨。

酒窖的寵物狗

這些酒窖是澳洲酒文化傳播的主體，沒有了它們，葡萄酒的背後就會變得空曠而單薄，正是酒窖文化讓人們看到葡萄酒時能想起那溫馨的旅途，那飄香的酒窖，那翠綠的葡萄園和品嘗時那一杯葡萄酒入口的香醇迷醉，讓葡萄酒擁有了更多被選擇的理由。

世界上最古老的葡萄園

世界上最古老的葡萄園位於南澳巴羅莎谷（barossa valley），屬蘭邁酒莊（langmeil winery）公司，其葡萄種植品種應該是設拉子。它今年已經 170 歲了，是目前世界上年齡最大的葡萄園。

蘭邁酒莊的老藤設拉子葡萄藤

葡萄園中葡萄的質量對葡萄酒有着最重要，也是最直接的影響，一瓶葡萄酒最後的質量有 70% 以上取決於葡萄的品種和質量。葡萄園也是年紀越大的接出來的葡萄質量就越好，這個其實很好理解，道理和做人差不多，隨着年齡的增長，人會變得越來越完善，懂得知識越來越多，經驗越來越豐富，處理解決問題越來越成熟，葡萄園也是如此，葡萄藤年齡越大就越「懂得」怎麼接出好質量的葡萄。

不過現在好多葡萄園主，尤其在歐洲，都已經拔掉了老的葡萄藤，種植新的，這也就是為甚麼歐洲有着更久遠的葡萄酒歷史，但世界上最古老的葡萄園卻在南澳。

除去老的葡萄藤而種植新的，主要有兩個原因：

第一，正如人一樣，老了以後，雖然比小的時候懂得多，做得好，但是隨着年齡的增長，做事情會逐漸慢下來，速度上比不過年輕的孩子們，葡萄園也是這樣，雖然產出的葡萄質量好，但是產量很低。正常的葡萄園，每一棵葡萄藤接出的葡萄可以製造出 5~6 瓶葡萄酒，而這個最古老的葡萄園每一棵葡萄藤接出的葡萄只能釀造出 1 瓶葡萄酒，雖然質量好，但是產量太低，導致價格高，很難符合現在的消費者對高數量低價格的葡萄酒要求。

第二個原因，歐洲那邊有段時間葡萄園發生了大面積的疾病，所以迫使歐盟（EU）決定拔掉所有老的葡萄藤，種植新的。

用最老葡萄藤結出的葡萄釀造的酒

回頭再說這片葡萄園，這片葡萄園面積相當小，蘭邁公司其實也不指着這片葡萄園賺錢，因為也賺不多，不過可以憑着「世界上最古老的葡萄園接出來的葡萄釀的酒」打響蘭邁的招牌從而大賣其他的酒！

葡萄藤的年齡很好辨認，跟普通樹差不多，越細的就越年輕，越粗的就年紀越大，另一個特點是，年紀大的葡萄藤比較矮小，這和人一樣，年齡大了就開始往回縮，老葡萄藤地面以上的部分比年輕的葡萄藤矮很多，不過根比較長，能達到地下30多米。所以這種葡萄園有一個好處就是不用澆水，一滴水都不用澆，因為根夠長可以汲取地下水和其他養分。

帶你逛逛澳洲酒莊的酒窖

澳洲不但是一個葡萄酒生產大國，同時也是一個葡萄酒莊旅遊大國。澳洲的葡萄酒旅遊業非常發達，一是因為澳洲本身是一個重視發展旅遊業的國家，葡萄酒又是當地的一大特色，二是因為澳洲的葡萄酒產區都距離市中心不遠，開車1小時左右就能到，有的甚至就在市內，所以當地人周末去產區游玩也是非常方便而時尚的休閒方式。

澳洲各種各樣的酒窖門店

你愛奔富的甚麼

有人説，喝葡萄酒只喝奔富 Bin389， 我還認識一個人，範圍稍微廣泛一點，只喝奔富的 Bin407 和 Bin389！

首先介紹一下這個奔富酒莊，在中國其酒的造假程度（中國很多假酒）與拉菲相似。奔富是一個澳洲的知名酒莊，有很長的歷史，葡萄園遍布南澳 6 個產區，但是依舊無法滿足強大的市場需求，每年還需要向附近的葡萄園購買大量的葡萄用於釀酒。所以嚴格説來，雖然它名氣很大，但其實它的酒並不是百分之百的酒莊酒。但即便如此，它的葡萄酒仍供不應求，甚至很多葡萄酒品牌在專賣店中爭着要和奔富葡萄酒並列擺放在同一個架子上，從而讓消費者產生這個品牌與奔富一樣有名氣的聯想。不僅在外國，奔富酒在中國也極受青睞，特別是那些造假者、打擦邊球者和走水貨者，奔富一直都是他們手中不亞於拉菲的「王牌」。

奔富的 Bin+ 數字系列，也成了奔富酒莊的一個標誌性系列，在中國市場表現大好，很多葡萄酒公司都借用 Bin 的名稱打起擦邊球，但他們可能都不知道 Bin 是甚麼含義。「Bin」這個單詞在英語當中最常用的意思是「垃圾桶」。澳洲多是獨門獨院的小別墅，每家每戶都各自有一兩個綠色的大垃圾桶，每周固定的一天拉到門外臨街的地方，會有大垃圾車過來收垃圾。澳洲通常把那些大垃圾桶都叫作「Bin」，但是「Bin」本身也有地下酒窖的意思。在奔富酒莊的地下酒窖中，會有一些相連，

奔富酒窖門店陳列

奔富 Bin 系列葡萄酒

但是彼此隔開的石洞酒窖，莊主會把一些較為優質的葡萄酒分別放在這些酒窖中，每一個酒窖都有自己的編號，Bin 指的就是這樣的小酒窖，而後面的編號指的是酒窖的序號。比如在 28 號酒窖中存放的酒就叫作 Bin28，在第 707 號酒窖中存放的酒就叫作 Bin707，不過這些數字的大小和葡萄酒的質量是沒有任何關係的。有些人經常會認為，數字越大的就越好，事實上並沒有直接關係。

再來說說奔富酒在中國的價格，葡萄酒市場價在中國比較亂，以 Bin389 為例，價格從 300 多元到 800 多元都可以在市場上見到，我曾經在家鄉見到過賣 888 元的；也曾經聽朋友說有人給他專供 Bin389，只要 320 元；更狠的是在澳洲的朋友告訴我奔富酒莊每年會有一些 Bin389 的原酒低價賣給酒商，這些酒商則換個酒標在市場上售賣，最高可以賣到 1688 元一瓶。不過價格的混亂並不是最可怕的，不怕花大價錢買瓶好酒，最多被人家說冤大頭而已，怕的是花費不小卻買了瓶假酒，奔富的假酒遍地開花，比拉菲還要難辨真假。

現在再回過頭來看看那些只喝 Bin389 或者 Bin407 的人，其實真的沒有多大意義，如果你喝的是級別，奔富還有 707，還有 RWT，還有葛蘭許。如果你喝的是品牌，那麼奔富還有很多其他系列的酒，比如寇藍山、洛神；如果你喝的是價格，那麼羅曼尼康帝更能顯得你富有；如果你喝的是性價比，那麼這世界還有其他千千萬萬個選擇；如果你喝的是口感，既然你欣

葛蘭許葡萄酒

奔富其他系列葡萄酒

賞一款酒的口感，那麼多嘗試一些不也是件好事嗎？

　　真正愛酒之人，懂酒之人，是不會把自己鎖定給一款酒的。世界上的葡萄酒有上百萬種，只喝一款着實喪失了喝葡萄酒的樂趣。所以我在此也想奉勸一下聲稱只喝 Bin407 的人，請好好想一想究竟你愛着奔富的甚麼。

百花齊放，選你所愛

　　不是説「新世界」就釀造不出頂級的葡萄酒，「舊世界」就沒有劣質的葡萄酒，就如同每一個國家都有犯罪分子一樣，每一個生產葡萄酒的國家也都有品質低、性價比低的葡萄酒。葡萄酒就像花一樣，最大的樂趣或許就是在這百花齊放的大花園中，尋找你最喜愛的那一朵，或許價格普通，但是價值最可貴的那一朵。

酒窖門店
陳列

📍━┥ 知名酒莊介紹

澳洲有許多知名的酒莊，我有幸走訪了部分，下面詳細為大家介紹這些酒莊及其歷史，還有他們的葡萄酒。

家喻戶曉—— 奔富酒莊（Penfolds）

奔富酒莊是澳洲葡萄酒業的貴族，被人們讚譽為澳洲最負盛名的葡萄酒品牌。在澳洲，這是一個無人不知的品牌，是品質的象徵。奔富酒莊的創始人是一位來自英國的年輕醫生——克里斯多佛·羅森·奔富。

一個半世紀以前，他遠離自己的家園移民到澳洲這片土地，開始了他新的人生。在當年的歷史背景下，就像其他醫生一樣，年輕的克里斯多佛·羅森·

奔富葛蘭許葡萄酒

奔富也擁有着一個堅定的信念——研究葡萄酒的藥用價值。在他離開英國前往澳洲之前，他得到了當時法國南部的部分葡萄藤並且把它帶到了目的地——南澳的阿德萊得（Adelaide）。1845 年，他和妻子瑪麗在阿德萊得的市郊瑪吉爾（Magill）種下了這些葡萄藤，延續了法國南部葡萄種植的傳統，他們也在葡萄園的中心地帶建造了小石屋，他們夫婦把這小石屋稱為Grange，意思為農莊，這也是日後奔富酒莊最負盛名的葡萄酒Grange 系列的由來，如今這個系列的葡萄酒在市場中已成為眾多葡萄酒收藏家競相收購的寵兒。他留下了始終如一的開拓精神和令人驕傲的歷史遺產，以他名字命名的酒莊不僅僅是一個成功的代號，更講述了整個澳洲葡萄酒發展史。

現代氣息——禾富酒莊（Wolf Blass）

　　禾富酒莊坐落在南澳巴羅薩谷，在南澳多個產區都擁有自己的葡萄園。禾富酒莊的歷史不長，這也使其散發出一股現代的氣息，酒莊門外遠遠就可以看到禾富酒莊那雄鷹展翅的標誌雕塑，進入品酒大廳，雖然面積不是很大，但是落地玻璃卻給人一種豁然開朗的感覺。這個空間與其説是禾富酒莊的品酒室，倒不如説是他的專賣店，除了葡萄酒外，還擺放着印刻着禾富酒莊商標的酒杯、木塞、開瓶器、衣帽、打火機，甚至還有乒乓球供遊客購買，到訪的遊客可以一邊免費地品嘗美酒，一邊悠閑地逛着這個專賣店。

澳洲的「張裕」——傑卡斯酒莊（Jacobs Creek）

　　陽光明媚的澳洲，氣候適宜，土壤肥沃，是一個屬釀葡萄酒的浪漫天堂。其中巴羅沙山谷是澳洲最著名的葡萄栽培和釀酒地區。當地有眾多各具特色的葡萄園，其中的傑卡斯酒莊是當地規模最大的葡萄園，也是澳洲的三大紅酒品牌之一，每年都要接待超過 20 萬的到訪遊客。穿越過一片碧翠清幽的葡萄架，便走進了酒莊的接待室，這裏的品酒專家會熱情地邀請每一位來賓，一起細品他們的特色美酒。

　　因為有非常優良的葡萄品種，同時也擁有相當出色的釀酒大師，傑卡斯酒莊的葡萄酒早已聞名世界。在這裏之所以我會稱呼它為中國的「張裕」，是因為他是最善於用廣告攻勢做市場的酒莊，這與其他澳洲的葡萄酒莊很不同。

傑卡斯酒莊葡萄園

歡聚之地—— 威拿酒莊（Wirra Wirra）

　　威拿酒莊位於南澳的麥克拉倫穀（McLaren Vale）產區，酒莊在產區內比較明顯的地方，佔地面積也較大，酒莊的品酒室給人一種古香古色的感覺，同時又很精緻，一進去就可以讓人感覺到酒莊主的精心布置。Wirra Wirra 是一句澳洲土著人的話，意思是「歡聚之地」。威拿酒莊由羅伯特·斯特蘭格斯·維格利先生創建於 1894 年，當時是該區僅有的幾家酒莊之一，且很快就成了該區最有影響力的酒莊。

　　1969 年威拿酒莊邁上一個新台階，成為澳洲葡萄酒愛好者和酒業同行青睞的質優且價格合理的典範莊園。為了能釀出上佳的酒，他們把莊園分的非常細緻。這樣他們可以派專人去看管每個莊園的日常事務，由專人呵護葡萄每個階段的生長。在收採時可根據每個莊園的微型氣候看葡萄的成熟度，準確掌握收採時間。

美國──創造奇跡的酒鄉

　　美國是一個不可小覷的葡萄酒生產大國，尤其是加利福尼亞州產區知名度能排在前幾名，美國 90% 以上的葡萄酒都是在這釀造的。其中加利福尼亞州納帕谷更是雲集了很多頂級葡萄酒廠，釀造出受到世人追捧的葡萄酒，其受歡迎程度不亞於波爾多的列級酒莊（當然個人認為多多少少也要歸功於加利福尼亞州不少酒莊都是法國人建的）。

美國葡萄園

▶━━┥ 姚明的選擇

　　趙薇投資購買了法國的酒莊，姚明則在美國納帕谷建立了
自己的品牌。趙薇是因為非常喜愛葡萄酒，做了一件所有熱愛
葡萄酒的人都夢寐以求的事情，買下一座葡萄酒酒莊，做莊主，
這是一種是投資，也是一種享受。而姚明是因為在美國時感受
到了納帕葡萄酒在中國未來的市場前景，與李寧一樣，以自己
的名字命名品牌，創建了自己品牌的葡萄酒。

　　姚明投資的葡萄酒，用自己的名字拼音「Yao Ming」命名，
推出的第一款酒是納帕谷 2009 年份的混釀葡萄酒（80% 赤霞
珠，9% 美樂，8% 品麗珠，3% 小維鐸），屬典型的波爾多左岸
風格，在中國價格大概是人民幣 378 元，屬中端產品。

　　納帕谷（Napa Valley）從屬加利福尼亞州產區，屬美國，
如同梅多克（Medoc）從屬波爾多產區，屬法國；巴羅薩谷
（Barossa Valley）從屬南澳產區，屬澳洲一樣，都是一個產區
中又細分出來的經典葡萄酒小產區，像這種全球著名的小產區
並不多見，基本上也就是上面列出來的這些。納帕谷是一塊不
可多得的種植釀酒葡萄的寶地，位於加利福尼亞州的舊金山市，
是一個溫暖多丘陵地帶的產區，來得早且溫和的春天、炎熱乾
燥的夏天和寒冷的冬天給了這個產區完美的葡萄種植條件，所

以這裏不僅僅是姚明的選擇，也是很多其他葡萄酒商的選擇。如今很多中國富豪們都有購買收購納帕谷酒莊的計劃，我聽説一家納帕谷酒莊出售時，前後來了 20 幾個詢價的，都是中國人，這不得不令人震驚！

大敗法國的葡萄酒

這裏用的是「大敗」而沒有用「打敗」，不是因為打錯字了，而是美國的葡萄酒的確曾經大敗法國葡萄酒，這發生在大家一直津津樂道的 1976 年巴黎品酒會上。

1976 年 5 月 24 日，英國酒商為了讓法國葡萄酒商認識到美國葡萄酒給法國葡萄酒帶來的危機，在巴黎舉辦了一場盲品會，評委都是法國人。盲品會的形式是將葡萄酒的酒標、酒瓶和其他一切可能暴露葡萄酒「身份」的外表都遮蓋起來，評委只能通過眼前的一杯酒進行品評，杯中酒的任何其他信息都無法得知。而當這次比賽結果出爐時，大大出乎原本的預料，納帕谷鹿躍酒廠（Stag's Leap Wine Cellars）的 1973 鹿躍酒莊赤霞珠（Stag's Leap Cellars Cabernet）的乾紅與蒙特雷納酒莊（Chateau Montelena）的一款白葡萄酒雙雙擊敗波爾多與勃根地的知名酒莊，這讓在葡萄酒界地位無人撼動的法國酒商大為震驚，同時也開啟了「新世界」與「舊世界」的比拼時代。這也讓「新世界」葡萄酒實實在在地揚眉吐氣了一番，讓世界

各葡萄酒消費大國開始接受了「新世界」葡萄酒，當然，同時也讓鹿躍酒莊和蒙特雷納酒莊聲名遠揚。

不過，大家只是關注了第一名，沒有關注第二名，事實上本次盲品會中紅葡萄酒除了第一名之外，第二、三、四、五名均是法國葡萄酒，五名後才是美國葡萄酒。所以，也不能説法國酒就是慘敗。

如果你想更多的瞭解這場改變歷史的品酒會，推薦你看一部叫《Bottle shock》（酒業風雲）的電影，影片中詳細地講述了這場盲品會的整個過程。

不過事情還沒有到此結束，法國人將比賽的結果歸咎於法國葡萄酒需要陳年，且法國酒比美國酒更具有陳年的潛質，所以不能單憑一次品鑒的結果而定。於是在 30 年後，法國人要求將當年品評的葡萄酒重新進行評比，以得出最公平的結論，由於白葡萄酒已經過了最佳飲用期，所以這次評比只有紅葡萄酒。但是戲劇性的一幕又一次上演。法國酒不但沒有一雪前恥，反而更加潰敗。這次評比的結果是，排名前五位的葡萄酒都來自於美國加利福尼亞州，到第六位才是法國的木桐酒。

▶━━┥ 與法國一起分享香檳

前文提到過，創造了巴黎品酒會奇跡的美國葡萄酒引來了很多酒商在美國投資，其中就包括一些法國香檳產區的酒莊。而且為此也創下了美國葡萄酒在葡萄酒界的另一個奇跡，成了全世界唯一可以不在香檳產區卻可以在酒標上使用香檳字眼的國家。

雖然至今其他產區都不允許繼續使用香檳（Champagne）這個名稱，但是美國的個別酒莊卻是例外，他們還可以在酒標上使用「Champagne」這個單詞，以表示是用香檳法釀製而成。不過如果使用 Champagne 這個單詞，則必須同時加上產區名稱，比如加利福尼亞香檳（California Champagne），這樣可以避免消費者混淆美國的香檳與法國的香檳。

這裏要説明下，出現這個局面並不是香檳產區種植者願意的，只不過美國種植者一直不肯妥協，這裏邊有很多歷史的原因，所以，也不是説香檳產區允許美國種植者這麼做，只是沒辦法，但即便這樣，法國香檳產區的香檳協會也一直死死盯着美國種植者，但凡出現應該是寫明加利福尼亞香檳，卻沒有加上的，就會毫不猶豫地發一封律師函過去提醒其把加利福尼亞（California）這個單詞加上去。

拉菲之後 —— 膜拜酒

説到了美國，就不能不説説美國的膜拜酒（Cult Wine）。如果説巴黎品酒會美國酒戰勝了法國酒，使用香檳名稱是分享了法國酒，那麼「膜拜酒」是不是能代替法國酒呢？

膜拜酒指的是在美國加利福尼亞州（澳洲、西班牙和意大利也有少數）的一些產量極少、價格極高被人頂禮膜拜的葡萄酒，目前大部分的膜拜酒都在美國加利福尼亞州產區。這種葡萄酒每年只生產幾百箱，比正牌拉菲的 2.5 萬箱要少得多。這些葡萄酒莊通常由特別的歷史故事、對葡萄酒充滿熱情並追求完美的莊主、精挑細選的葡萄園、應用仿波爾多或勃艮第風格釀造和不斷提高的價格組成。相比起法國拉菲、拉圖等列級酒莊，這些膜拜酒就顯得更加的可遇而不可求，所以才被如此冠名，以顯示出他們在市場中不同尋常的地位。

雖然到目前為止，在中國還沒有開始對膜拜酒的追捧形成氣候，但是其極少的產量，依舊造成了市場上一瓶難求的局面。葡萄酒的價格更是飛快增長，當物以稀為貴時，人們也以擁有這個稀為榮，就如同現在的拉菲。我想當拉菲的繁華過去，人們更加懂得欣賞葡萄酒的時候，也許會開始一段對於膜拜酒的追捧時期，或許在不久的將來，市場上就會出現各種各樣山寨的膜拜酒，或許再過不久膜拜酒製造者也要開始研究使用一系列防偽標誌了。

　　美國加利福尼亞州最有名的膜拜酒莊有：鳴鷹酒莊
（Screaming Eagle）、賀蘭酒莊（Harlan Estate）。鳴鷹酒莊的
名字來自於美國第 101 空降師的代號，這支軍隊曾經是著名的
諾曼底登陸的主力軍，酒莊只有 30 公頃葡萄園，使用波爾多葡
萄酒的品種種植、釀造，使用法國的橡木桶進行陳年。釀造出
來的葡萄酒需要 15 到 20 年的陳年才到適飲期，1992 年鳴鷹酒
莊才釀造出第一個年份的葡萄酒，前兩年剛到適飲期，現在還
是在適飲期的範圍內。此酒剛出來的時候，羅伯特・帕克對其
評價極高，幾乎每一個年份都是接近或直接是滿分（只有 1998
年除外）。如果仔細對比分數，會發現同樣是他給的分數，鳴鷹
酒莊的分數要比波爾多那些列級酒莊的分數高也穩定許多。再
加之巴黎品酒會的轟動，造就了其價格不斷上漲，一瓶難求，
被頂禮膜拜的局面。

　　賀蘭酒莊就坐落在離鳴鷹酒莊不遠的地方，雖然葡萄園面
積要比鳴鷹酒莊小得多，但實力也是可以與鳴鷹酒莊抗衡的另
一個膜拜酒酒莊，雖然葡萄酒個別年份的分數低於鳴鷹酒莊，
但它有三個年份的葡萄酒被羅伯特・帕克評為滿分（鳴鷹酒則
只有 1997 年為滿分），所以實力同樣不可小覷。

▶━┥ 知名酒莊介紹

下面介紹一些美國的知名酒莊，大家可以作為知識瞭解一下。

美國葡萄酒之父羅伯特・蒙大維酒莊
（Robert Mondavi Winery）

在提高加利福尼亞葡萄酒質量乃至形象方面，可能沒有誰做得比羅伯特・蒙大維更多了。羅伯特的父親加洛斯是來自意大利東部馬爾刻的移民。他在加利福尼亞種植葡萄，運回意大利給家鄉的釀酒師。禁令[5]解除後，蒙大維一家離開了氣候炎熱的中央谷（Centralvalley），來到了氣候寒涼得多的納帕谷（Napavalley）搬遷後，擺脫了當時非常流行的大量生產強化甜酒的方向，轉而經營有潛力釀造優質葡萄酒的葡萄園，這一改變後來證明對公司的發展起到了決定性作用。

---

5 美國 1920 年頒布了禁酒令，全國禁止銷售和飲用酒精類飲品，一直到 1933 年才解除。

大敗法國的鹿躍酒莊
（Stag's Leap Wine Cellars）

鹿躍酒莊是納帕谷最著名的酒莊之一，在 1976 年的巴黎品評會中戰勝法國名莊的紅酒就產自這裏。這裏產的葡萄酒被譽為是世界上品質最高的赤霞珠葡萄酒。鹿躍酒莊一直被視為納帕谷的第一批酒莊，其創始者是瓦倫・維納斯基（Warren Winiarski）和他的家族。瓦倫・維納斯基一直有一個夢想，要釀出有個性且經典的葡萄酒，他始終在尋找一座能夠實現自己這個夢想的酒莊。經過幾年的苦心搜尋，終於在 1970 年物色到了一塊原本種植李子的果園，並開始在此栽種赤霞珠葡萄，他給這塊果園起了一個後來震驚世界的名字——鹿躍酒莊。他堅信自己的選擇，這塊充滿希望的葡萄園，加上適宜的土壤與氣候，一定能夠創造出與歐洲酒莊相媲美的不朽之作。事實證明，瓦倫・維納斯基的選擇是完全正確的。在 1976 年的巴黎品評會上，鹿躍酒莊的酒一舉戰勝了法國的頂級葡萄酒，成了葡萄酒界的一個「神話」。這瓶非凡的 1973 年鹿躍酒莊赤霞珠葡萄酒（Stage's Leap Wine Cellars'1973 S.L.V）現在被美國史密森國家自然歷史博物館收藏，真的成了一瓶不朽的葡萄酒。

強強聯合的第一作品酒莊（Opus One）

第一作品酒莊是羅伯特・蒙大維（Robert Mondavi）家族與擁有法國五大頂級酒莊之一 —木桐酒莊（Chateau Mouton Rothschild）的利普・羅斯柴爾德（Philippe de Rothschild）男爵合資興建的，是美國為數不多的與法國頂級酒莊合資專事釀造頂級紅酒的酒莊。如果説在加利福尼亞州，酒莊如星星般地撒在葡萄產區。到了納帕谷，可以説就是繁星密布了，而第一作品酒莊是星空中最亮的那一顆。人們知道第一作品酒莊不僅僅是因為名氣大，還因為它是真正將釀酒與各種藝術結合的結晶。酒莊的一園一樹、建築風格、修飾藝術，當然還有最主要的葡萄酒都體現出莊主家族那種追求優雅完美的境界。對於熱

愛葡萄酒和藝術的人們來説，遊覽第一作品酒莊不僅僅是參觀酒莊品酒，更是一種真正的藝術享受。

奧巴馬選擇的肯德·傑克遜酒莊
（Kendall Jackson）

　　肯德·傑克遜酒莊位於美國加利福尼亞州的索諾瑪縣，酒莊的創始人肯德·傑克遜（Jess Jackson）最初是因為喜歡葡萄酒而購買了一片葡萄園，這片葡萄園便是現在酒莊的前身，但是當時只是為其他酒莊供應葡萄並沒有釀製自己的酒，真正開始釀酒始於 1982 年，並建成了肯德·傑克遜酒莊，當時第一款釀造的酒是精選莎當妮，這也是奧巴馬當選時慶功用的葡萄酒。肯德·傑克遜恪守自己的信條：釀造產自加利福尼亞州最好葡萄園的上等佳釀。

　　肯德·傑克遜酒莊對細節的關注體現於釀酒過程中的每一個步驟。他們只選用產自旗下葡萄園的優質葡萄，而這些葡萄園均位於加利福尼亞州海岸附近一流的培育區內，以此來釀造口味豐富風格獨特的葡萄酒。他們在還法國投資建廠，以確保用於釀酒的橡木桶品質優秀且質量穩定。肯德·傑克遜酒莊目前是全美最成功的家族式酒莊之一。

肯德·傑克遜
（Kendall Jackson）
酒莊

我們講究、研究、推廣葡萄酒文化，其實不過是希望推廣葡萄酒所代表的一種生活方式，一種時尚生活、高雅生活，以及品味生活、健康生活、享受生活的方式，哪怕是「裝」出來的：「裝」得矜持些，不以乾杯為潮流；「裝」得有品位些，懂得葡萄酒與菜的配搭；「裝」得關心自己些，懂得少喝酒、喝好酒，讓酒滋潤生活，而不是麻痹自己。

第四章

葡萄酒文化

中外葡萄酒文化

「文化」的定義是甚麼，估計誰一下子也説不清楚，更不要説「葡萄酒文化」了，但是我們經常會戲説中國的酒文化就是「乾杯」。可見，文化是一種社會現象，是人們一種長期的生活、行為方式。大家都「乾杯」，各種場合都「乾杯」，不管因為甚麼事都「乾杯」，只要一喝就「乾杯」，時間長了就成了一種中國特有的酒文化了。

葡萄酒的歷史、風土、釀造傳統、法律法規、價值、品鑒，還有它所代表的生活方式、生活品質等都應該是葡萄酒文化的一部分。與「乾杯」不一樣，它是獨善其身的「品味」。在我的理解中，酒在各個國家都是文化的一部分，所以一個國家的文化也會反映在它的酒中。中國人講「人情」，我們除了講究愛情之外，還講親情、友情，有「姐妹淘」形容姐妹情，有「義氣」形容兄弟情。所以中國人喜歡熱鬧，習慣人群一哄而上，故而會有激情，會有熱情的乾杯。而在西方國家，可能更講究的是自我，他們不是那麼在意別人的看法，吃飯時也是分餐，一人一個盤子自己吃自己的。所以，他們不會出現那種一哄而上、為兄弟義氣乾杯的場面，而是用葡萄酒配着飯一口一口地吃，一口一口地喝。

　　我們講究、研究、推廣葡萄酒文化，其實不過是希望推廣葡萄酒所代表的一種生活方式，一種時尚生活、高雅生活，以及品味生活、健康生活、享受生活的方式，哪怕是「裝」出來的：「裝」得矜持些，不以乾杯為潮流；「裝」得有品位些，懂得葡萄酒與菜的配搭；「裝」得關心自己些，懂得少喝酒、喝好酒，讓酒滋潤生活，而不是麻痺自己。

　　這不是崇洋媚外，我很反感每當讚揚外國一些好東西、好現象時就有人上綱上線地說你崇洋媚外。優點為甚麼不可以學習推廣？何況正如第一章所説的，葡萄酒在中國的歷史並不短於法國，雖然近些年來它是以舶來品的身份進入人們視野的，但中國並不是沒有自己的葡萄酒，中國有自己的葡萄產地，有自己的葡萄品種、自己的酒莊和國際知名的葡萄酒品牌。葡萄酒絕非「洋」物，充其量算是披着一身「洋」皮而已。

　　當葡萄酒融入我們的生活中時，它可以無處不在。吃飯的時候要配酒，這是葡萄酒最本質的使命，讓酒與菜的味道配搭、融合，提升菜餚的味道，降解肉類的油膩；與朋友小聚的時候可以喝杯紅酒，慢慢品嘗，在微醺的狀態下慢慢細説家常；一個人發呆、寫作、繪畫的時候可以喝酒，一點點醉意讓思緒可以更加隨心所欲。在工作上，約見客戶時可以喝杯紅酒，既表現出熱情，又不至於喝得不清醒而誤事。商務宴請的時候可以喝紅酒，能提高宴會的品位，烘托高雅的氣氛。慶功宴上、婚禮上同樣不能少了起泡酒，不然則體現不出喜悦的氛圍。在感情上，葡萄酒更是上上之選，在電視裏我們看到的關乎情感的時刻，都有一杯紅酒相伴左右。情侶之間可以喝紅酒，那正是愛情的顏色。送禮也可以送瓶葡萄酒，既顯出檔次和品位，又體現出健康的生活方式。

　　葡萄酒文化不是要去死學土地結構對於葡萄藤有甚麼作用之類的理論，而是要將葡萄酒文化運用到我們的生活中去，讓生活因此而變得更健康、更愉悦、更享受。我們會因為葡萄酒瞭解更多的知識，體驗更好的生活，結識更多的朋友。我們會迷戀葡萄酒帶給我們的各種不同感受。我們會明白，所有學出來的文化都那麼死板，真正的文化是我們活出來的。

侍酒文化

說到葡萄酒，不能不說的職業就是侍酒師，國際通用的英文名稱是「Sommelier」，從字面上來看，指的是在餐廳為客戶服務酒水的師傅。

侍酒師聽起來好像很簡單，與普通的餐廳服務員沒太大差別，不過是一個服務餐品，一個服務酒而已。然而我個人認為，侍酒師是在葡萄酒相關職業中最神聖的一個，是知識面最廣泛且最難從事的一個職業（雖然我知道很多人可能不同意我這個觀點）。

釀酒師很難，他不僅需要懂得釀酒的技術，還要成為葡萄園的好朋友，熟悉葡萄每一天甚至是每個小時的狀態，能精準把握採摘葡萄的最佳期限，還要懂得品酒，懂得市場，知道消費者喜歡的口感。

品酒師很難，他要熟知世界各個葡萄酒產區的氣候、地形、土質、葡萄品種、葡萄酒的風格，瞭解所有知名酒莊的各個酒

款。他除了要瞭解它們的口感，同時要熟悉各種各樣的味道、香氣，並且可以精準地對手中的葡萄酒做出最客觀的描述和評價。

培訓師很難，他要熟知各個葡萄酒產區的特徵、葡萄酒口感，懂得如何品酒，更要懂得如何做好培訓，如何瞭解聽眾感興趣的點，還需要非常及時地跟着市場的情況更新自己的授課內容，因為他是培訓師，他有責任在第一時間瞭解市場的變化，然後傳授給他人。

投資者很難，他要熟悉各個列級酒莊的情況，各種文字的標識，各個國家的高級葡萄酒、酒莊的情況，瞭解葡萄酒投資市場的走勢，瞭解各個重要產區的重要年份，每一年的氣候狀況，消費者的喜好，大型並購情況，列級酒莊級別提升或者下降的情況等，尤其還要去瞭解羅伯特·帕克給出的分數，甚至是他的喜怒哀樂。

酒窖店長很難，他除了要懂得葡萄酒相關知識，還要懂得酒窖管理、員工排班和服務客戶的技巧。

但是他們都沒有侍酒師難。作為一名合格的侍酒師，上述所有職位需要瞭解的內容他都要瞭解。此外，由於侍酒師主要的任務之一為餐與酒的配搭和選擇，所以除了葡萄酒之外，他還要對各種餐點的風格、味道、烹飪的方法非常熟悉，只有這樣才能夠為每道菜配搭最完美的葡萄酒。另外，侍酒師還要懂得根據餐廳的情況和菜式進行酒款的挑選和酒單的設計。最後，也是最重要的一點，侍酒師服務的是人，這是一種面對面的高級服務，它要求侍酒師懂得察言觀色，瞭解消費者的喜惡，還要懂得與人溝通的技巧。

懂得了以上這些知識，可以說就成為葡萄酒方面的全能專家了。我曾在網上看到，有人戲說侍酒師就是你身邊的移動式葡萄酒搜索引擎。所以侍酒師並不是那麼容易當的，看過《神之水滴》或其他一些關於葡萄酒電影的人就會知道，餐廳侍酒師對於葡萄酒與菜餚配搭的掌握能力，甚至可以左右一家餐廳的命運。

侍酒師這個職業並不是近些年才開始有的，早在古希臘時期就有專門挑選葡萄酒的人，在意大利文藝復興時期的宮廷中也有專職的選酒和侍酒人員。19世紀以來，侍酒師行業得到更多的認知和認可，發展至今，更加受到業內人士的重視和尊重。如何成為侍酒師變成了一門學問，更是需要經過眾多考核才可以得到的資質。

侍酒師和品酒師的區別

侍酒師和品酒師是兩種完全不同的職業。最大的不同莫過於侍酒師要尋找葡萄酒的特點，才可以知道它適合與甚麼樣的食物相配，而品酒師要尋找的是葡萄酒的缺點，才可以知道要給它去掉多少分。另一個很大的不同是，侍酒師服務的客戶中有很多是陌生人，是一對一、面對面的即時性服務；而品酒師更多的是服務於商家，給酒打分，指導商家選酒，指導消費者購買酒，這種服務不是面對面的，也不是即時性的。所以作為一個侍酒師，他可能不清楚如何給一款酒打分，但是對於葡萄酒的口感、特徵的瞭解完全不亞於一個品酒師。除了需要瞭解葡萄酒之外，侍酒師還要將很大一部分時間、精力花費在餐品和配搭上。「侍酒」這個動作，只不過是侍酒師眾多「幕後」工作的一個成果展現。

侍酒師與品酒師的工作地點也完全不同。一家高檔西餐廳可以沒有品酒師，但必須要有侍酒師；一家高級葡萄酒代理公司可以沒有侍酒師，但是一定會有品酒師。高檔餐廳不需要對葡萄酒品質吹毛求疵的品酒師，那裏不是在區分不同性價比的酒，而是追求如何讓酒更好地襯托出餐品的特色，更好地配搭菜餚，更好地服務於就餐者。而葡萄酒代理公司則不需要總在想辦法讓酒得以完美體現的侍酒師，更多的是希望有一個舌頭敏感的品酒師，告訴它哪款酒好，哪款酒不好，該買哪款，不要買哪款。事實上，在品酒師嘴裏非常糟糕的一款酒，很有可能在侍酒師那裏卻能給它找到非常合適的餐品，而這種恰到好處的配搭，完全可以讓酒的口感得以提升。

⊶┤ 我們為甚麼需要侍酒師

我猜看到這裏，你一定會説：「真的有這麼神的職業嗎？怎麼我去餐廳吃飯的時候從來都沒有見到過？從來沒有遇到過有人為我侍酒？既然很少會遇到這樣的服務，那我們為甚麼需要侍酒師？既然侍酒師需要這麼高的要求，那麼是不是不設立這個職位就好了。」

沒有人是全能的，你不可能知道所有事情。就餐時你可以不喝酒，但是如果你喝了卻配搭錯了餐食，那還不如不喝。白酒本身就是糧食釀造的，過於濃烈的味道掩蓋住菜的味道，以至於讓人到最後只是喝酒，而往往忘記了吃菜。

這就是需要侍酒師的原因。我們沒有見到過侍酒師，沒有接受過侍酒師的服務，是因為在中國目前侍酒師行業才剛剛起步，還處於比較落後的階段，中國有資質的侍酒師並不多。不過值得驕傲和可喜的是，中國目前已經有了一名侍酒師大師，就是呂楊老師，但這個職業在中國並沒有太多的崗位需求，所以也導致了學習並成為侍酒師的人不多。而且，並不是每一位侍酒師都在從事這份工作，正如前文所説的，侍酒師是葡萄酒的全能專家，擁有這樣水平的人在中國並不多見，在葡萄酒人才稀缺的中國，這樣全能的人才或是被提拔作為管理層，或是被挖到大的培訓機構，或是進到某個雜誌媒體做主編都是有可能的。

另外，侍酒師雖然是在餐廳服務於消費者，但是他們的工資可是和那些餐廳服務員不一樣的。高級的侍酒師年薪最高可在 100 萬以上，最低級別的也不會低於 10 萬，這就意味着在中國不是每一個餐廳都請得起侍酒師。請得起侍酒師的餐廳，必定是針對高級消費群體的場所。

現在中國更多見的是那些叫作「酒水促銷員」的人。與真正侍酒師相同的是他們也在餐廳工作，也會給你介紹他推薦的酒，也會為你提供適當的酒水服務。但這與侍酒師本質上是完全不一樣的。酒水促銷員一般是為某一個品牌或者某一家公司的酒做促銷，他們很多甚至不是這個餐廳的人，而是酒品公司的人。最常見的莫過於在露天大排檔上那些穿着各種超短裙的啤酒小妹，其實她們就是酒水促銷員的一種。而進入高檔酒店以後，酒水促銷員就化身為服務員，在客人需要酒時不失時機地為客人推薦他們公司的酒，從而拿到提成。他們不瞭解很全面的專業知識，也不會為你推薦更合適的酒，更不會考慮到酒是否與你的菜品配搭，他們工作的內容只是努力地賣出更多的酒，賺取更多的提成。

侍酒師則完全不一樣，一方面侍酒師要對餐廳負責，進行葡萄酒酒窖管理、酒單管理、餐酒配搭管理、員工培訓等工作，一方面要對客戶負責，為客戶選擇出最適合他們今日用餐飲用的葡萄酒。

當葡萄酒文化得以普及，當人們真正體驗過餐酒配搭的必要和美妙時，侍酒師這個職業才會真正的在生活中出現。現實中很多大型代理商的酒水促銷員是有足夠條件慢慢轉變為侍酒師的。大型代理公司酒款眾多，選擇性也更多，更容易選擇出適合某家餐廳的酒，完全可以在客人需要喝酒時給出專業的、符合當日餐品配搭的酒款。他們不需要去考取甚麼資質，也不需要過多瞭解葡萄酒方方面面的內容，只

需要所在公司多進行一些常識性的培訓和餐酒配搭的基礎培訓，便可以為大眾提供適當的葡萄酒服務。

　　回憶起幾次在老家酒店吃飯的情景，第一次的時候服務員在紅葡萄酒中加冰加檸檬，第二次服務員用冰桶冰鎮紅葡萄酒，並告知我這是他們培訓的時候講的，上次回家則是遇到將葡萄酒杯倒的滿滿的服務員。每每遇到這樣的服務，我都不得不感慨我們需要侍酒師！至少我們需要服務員瞭解最基本的侍酒服務！不然不僅僅對不起客戶，也對不起葡萄酒！

▶━┤ 侍酒師的工作

專業侍酒師的工作內容

1. 瞭解餐廳各菜餚的口感、烹飪方式和醬料。

2. 配合廚師長挑選出為餐品配搭的葡萄酒。

3. 與不同經銷商、代理商溝通、品嘗不同的酒款、為餐廳挑選新酒。

4. 設計、監督製作餐廳酒單。

5. 每周對酒單進行修訂、確保庫存和年份的正確性。

6. 管理餐廳酒窖，包括儲存、盤點、擺放順序等。進行酒標、封瓶檢查。

7. 為客人推薦合適的葡萄酒。

8. 為客人提供專業標準的侍酒服務。

9. 培訓餐廳其他員工。

您接受過專業的侍酒服務嗎

其實只要去過酒店吃飯，點過酒的人，都是接受過酒水服務的。我們看酒單、聽服務員推薦，服務員開酒、倒酒，這些都是酒水服務的一部分，而且不僅限於葡萄酒。但是葡萄酒服務要比啤酒、白酒更細緻一些，因為葡萄酒本身就要比啤酒和白酒更加嬌氣。專業的侍酒流程是甚麼樣的呢？

第一步，展示酒單。大部分酒店的酒品都在菜單的最後幾頁，也有很多高檔餐廳會另外有一份專門的酒單。展示酒單之前如果不知道哪位客人點酒可以詢問一下。通常點酒的會是請客的人、主賓位或是指定的某位客人。

第二步，根據客戶需求推薦酒款。非常常見的狀況就是用餐者會問服務員有甚麼好酒推薦。通常點酒都是在餐點好了之後，所以如果推薦葡萄酒，侍酒師可以通過客戶點餐的內容和價格給客戶推薦符合當晚配餐和客戶消費能力的葡萄酒。

第三步，向客人展示酒瓶，讓客人確認。通常情況，客人點好酒之後侍酒師需要把客人選好的葡萄酒拿到點酒的人面前，讓他確認點的是否是這支酒，是否是他需要的那個年份，是否對葡萄酒酒標、酒瓶和封口處的保存狀態滿意。

第四步，開酒。侍酒師要在客人面前開酒，好的侍酒師是可以空中開酒的，這需要很熟練的技巧和很大的手力腕力，沒有經過訓練的人是很難做到的。開酒時一定要小心，起泡酒尤其不可以向着客人開，因為起泡酒瓶塞開啟的一瞬間氣壓的衝力極大，會對人造成很嚴重的傷害。另外就是要小心不要讓軟木塞斷在酒瓶內，如果由於年份太久或者濕度不夠的原因軟木塞斷在瓶內，要即時採取措施將木塞取出。

第五步，確認酒沒有問題。侍酒師通常會佩有一個小銀盤，用來在開酒之後嘗一下葡萄酒的狀況。侍酒師有責任替客戶確認葡萄酒的狀態，在確認葡萄酒沒有質量問題、沒有氧化、沒有被軟木塞污染、沒有因為溫度影響到酒的口感之後，才可以將完美狀態的酒呈現給客人喝。

第六步，給主人或點酒人品嘗，再次確認。當侍酒師確認酒沒有問題之後，要給主人或者點酒的客人再次品嘗，讓客人確認酒的口感沒有問題，他可以接受之後再進行接下來的侍酒步驟。

第七步，醒酒。並不是所有的酒都需要用醒酒器醒酒，但是很多時候我們都會看到服務員將酒倒入醒酒器，一種情況是因為真的需要，另外一種情況是因為看着專業高雅。專業的侍酒師會根據酒的情況判斷出酒是否需要經過醒酒器，如果需要，侍酒師會首先確認瓶底有沒有沉澱，然後將葡萄酒緩緩倒入醒酒器中進行醒酒。

第八步，按照合理順序為客人倒酒。倒酒的順序一般從最重要的客人或者離主人最近的賓客開始，順時針倒酒，女士優先。

在普通餐廳裏一般至少也會為我們提供上面第一、第二、第四、第八這四個服務的，再好一點的地方可以提供到第一、第二、第三、第四、第七、第八這幾個步驟，這與更加專業的餐廳相比較，就差在了第五步和第六步上。我們現在可能很少會遇到需要第五步和第六步的時候，因為這兩步是即要求侍酒者非常專業、非常懂酒，又要求點酒者也很懂酒。所以在葡萄酒文化還沒有那麼普及的中國，一般較少有機會接觸到這兩步服務，然而這也正是專業與非專業之間的本質區別。侍酒師確認酒的完好程度其實是侍酒過程中非常重要的一步，因為酒的口感狀態單靠看酒瓶與酒標是看不出來的，必須要經過品鑒之後才可以知道這款酒的狀態，包括溫度是否在最佳。

美酒美食文化

中國有着博大精深的飲食文化，並且按照地域特色劃分為八大菜系，中國的飲食文化讓那些「老外」們讚不絕口，以至於只要是有中國人的地方就有唐人街。少了中國餐館，「老外」們都會覺得少了不少樂趣。中央電視台播放的紀錄片《舌尖上的中國》更是把中國的飲食文化推向了巔峰，不光外國人為之驚奇，連很多中國人都感到驚艷。中國也有着自己多年流傳下來的「酒文化」，中國的白酒被稱之為「國酒」，在中國始終有着不可替代的地位。但是我們很少會考慮到「飲食文化」並不是「飲」是飲的文化，「食」歸食的文化，「飲食」本是一體的，是相互配搭着的。美食與美酒合理的配搭，能提升酒的口感，更完善了食物的味道，讓兩者融合得到1+1>2 的結果，這才是在飲食文化中我們應該去體會的。

美酒美食配搭

沒有葡萄酒的一餐是不完整的

聊葡萄酒，就不得不聊美食。他們就像是一對雙胞胎。有人說不對，雙胞胎可是長得很像的，酒與食物從狀態上來說都

外國酒莊提供
的配酒小食

不一樣，這個形容也相差太多了吧。相信很多人都接觸過雙胞
胎，很多雙胞胎雖然長相相同，但是性格則是完全相反的，或
者說是互補的。哥哥開朗，弟弟就有可能內向；姐姐時尚，妹
妹就有可能樸素。葡萄酒與美食也是如此，說他們雙胞胎並不
是因為「像」，而是因為「互補」。葡萄酒，就是為了配餐而生的，
葡萄酒也是最佳的佐餐酒。

　　法國大文豪大仲馬曾經說過：「葡萄酒是宴會上的智慧部
分。」後來也被人詩情畫意地解說為「沒有葡萄酒的宴會，就
像擁抱時沒有接吻。」在西方國家，沒有葡萄酒的一餐是不完
整的，用中國話形容就是畫龍而沒點睛。

　　在外國，一個普通的家庭吃晚餐的時候也要拿出一瓶酒來，
買菜和買酒都是每周的例行公事。我去過的美國和澳洲都有專
門的酒超市，雖然裏面也有啤酒等其他品類，但是絕大部分還
是葡萄酒，人們買酒與買菜一樣推着購物車進去，採購一圈之
後推到櫃檯結帳。在澳洲，超市是不可以賣酒的，因為含有酒
精的飲品只有年滿 18 周歲以上才可以購買，所以有專門的葡萄
酒專賣店和酒類超市，結帳的時候購買者要出具自己的駕照或
者有生日的證件才可以購買，這是他們日常生活中的一部分。
到了餐廳他們同樣會點酒，一般亞洲人可能會要啤酒，但是當
地人佐餐的酒必定是葡萄酒。之前在一家五星級的意大利餐廳
用餐，餐廳裏除了我們這一桌之外其他四桌都是外國人，且無
一例外用餐時都點了葡萄酒。

▶■┤ 為甚麼要用葡萄酒配餐

為甚麼葡萄酒在一餐中有着如「擁抱時的吻」這樣重要的作用呢？

第一，正如前文中提到過的葡萄藤的根常年汲取地下的各種養分，所以葡萄中含有各種人體需要的碳水化合物、酸類和有機物質，適量飲用本身對人體是非常有好處的。

第二，中國的主食以米飯和麵食為主，很容易產生飽腹感，白葡萄酒有良好的酸度，在餐前喝可以起到開胃的作用。

第三，中國很多菜會用到各種醬料，而這樣的食物會在口中產生油膩感，紅葡萄酒中有單寧，可以中和掉這種油膩感。

第四，也是很重要的一點，葡萄酒的酒精度數在 11 到 14.5 度，屬中等酒精度，不會太清淡以至於只有爽口而沒有味道，也不會太過濃烈而壓住菜的香氣。葡萄酒的酒精度數與它的香氣、口感正好可以與食物起到相輔相成的作用。好的配搭不僅可以掩飾葡萄酒的瑕疵，提升葡萄酒的味道，更可以掩蓋食物的不足，從而提升食物的味道。這也就是餐酒配搭中經常會被人提到的 1+1>2 的配搭原則，當葡萄酒與餐品完美配搭時，葡萄酒和食物都可以在你的嘴裏展現出更好的味道。

最後還有一點，對於葡萄酒愛好者來説也是非常重要的，就是用葡萄酒配餐可以增加用餐時的樂趣，你會想要去嘗試每一道菜，嘗試它與今晚這款葡萄酒配搭時的感覺，無論合適也

餐酒配搭

好，不合適也好，如果口感很好時你會為之欣喜，當感受到不合適時你會深刻體會到配搭錯誤的後果。葡萄酒配菜並不是專業人士、專家才能做的事情，更不是只有他們才能感覺得到的事情，我們每一個人都可以真真切切感受到口中味道的變化。我想，這種嘗試與發現的樂趣甚至可以使葡萄酒配餐達到1+1>3 的效果。

葡萄酒配餐基本原則

葡萄酒配餐，首先要明確一個大的方向，究竟是葡萄酒配餐，還是餐配葡萄酒。當一場酒會、一個晚宴上葡萄酒是主角的時候，那麼肯定是要餐品配合葡萄酒的口感，一切都要考慮到葡萄酒的「感受」，不可以讓餐品的味道破壞了葡萄酒原有的風格。這時葡萄酒是確定的，當配搭不合適時就要換掉餐品，考慮其他可以與之配搭的菜餚。

通常，人們大都在點餐之後才定酒（事實上，多半的情況是酒就那麼一款沒得選，有甚麼也就喝甚麼了），這時要根據餐品來點葡萄酒，也就是說菜是主角，酒是配角。這時要注意選擇的酒不可以破壞了菜餚本身的風味，也要明白並不是說用越貴的酒配菜越好，在配菜這個問題上我們可以完全忽略葡萄酒的價格。

葡萄酒配餐的基本原則

- 清爽型白葡萄酒，適合配搭清淡菜餚、冷菜沙律、少醬料的海鮮等。
- 芳香型白葡萄酒，適合配搭有一些香料的白肉，或者紅肉海鮮，如三文魚。
- 橡木型白葡萄酒，適合配搭有燒烤味道的白肉，或者奶油味道的海鮮。
- 單寧輕果味重的紅葡萄酒，可以配一些有醬油的炒菜，或者較為入味的燉菜。
- 單寧重的紅葡萄酒，不適合配辛辣的、甜的食品，適合配搭油膩的肉類。
- 甜酒，適合配搭餐後甜點。

清爽型白葡萄酒

　　清爽型白葡萄酒非常常見，一般價格較低的，採用中性葡萄品種（比如霞多麗，灰比諾）釀造的，都屬清爽型白葡萄酒。清爽型白葡萄酒的特點是顏色較淡、香氣以果香為主、口感上酸度較高、酒體較輕並且不會出現橡木味道和其他複雜的味道。

　　清爽型的白葡萄酒可以與起泡酒一樣作為餐前酒、開胃酒或是頭盤酒，一般會是用餐時的第一道酒，可以用它配搭餐前的冷盤、沙律和頭盤菜（一般頭盤菜會是一些近原味的海鮮）。

　　很多人都知道的一句話是「白酒配白肉、紅酒配紅肉」，但事實上這句話用在西餐上會比用在中餐上更適合，所以在吃中餐時，我們配酒上一定要小心這句話。西餐講究的是「原味」，他們連牛扒都不喜歡吃熟的，我在澳洲看見過一個牛扒酒店，打出的廣告是「澳洲最生的牛扒」，而這樣的牛扒在中國恐怕是少有人問津的，因為中國講究的是入味，煎、炸、燉、炒、燜幾乎都是入味的烹飪方法，所以中國餐品用到的醬料會完全左右菜品本身的味道。比如魚是白肉，但是紅燒魚、西湖醋魚恐怕就不能完全按照白肉來看待了。清爽型白葡萄酒可以很好地配搭清蒸魚，但是卻搞不定紅燒魚，因為濃重的醬料味道會覆蓋了酒的味道，讓酒寡然無味。

甜葡萄酒
配搭甜品

芳香型白葡萄酒

我一直認為，芳香型白葡萄酒相比其他白葡萄酒會更受到中國人的喜歡，因為它們那美妙的香氣，像是各種熱帶水果和在夏日盛開花朵的香氣，一般維歐尼、瓊瑤漿和慕斯卡托這些較為常見的品種釀造出來的酒都是芳香型的，另外來自較冷產區的長相思和霞多麗，還有來自溫暖產區且沒有經過橡木桶的白葡萄酒也可以歸為芳香型的白葡萄酒。

但是芳香型的白葡萄酒在中國沒有清爽型白葡萄酒那麼流行，一方面是因為芳香型的白葡萄酒在中國比較少見，另一方面也是因為釀酒的葡萄品種多不是流行的葡萄品種，由於葡萄質量的原因，價格也略貴於清爽型葡萄品種，所以一般情況下人們很少會有機會去親密接觸芳香型葡萄酒。但一旦接觸過我想你會馬上對芳香型白葡萄酒愛不釋手。

對於配餐來説，芳香型白葡萄酒也非常適合中國的一些菜式，比如説一些比較入味的、加了香料的海鮮，或者羔羊肉、小牛肉、入味一些的雞鴨肉這樣的菜式都可以很好地與之配搭。

橡木風味的白葡萄酒

白葡萄酒一般給人清爽、高酸又有些微甜的印象，雖然白葡萄酒其實很多是乾白並不是甜酒，但並不是所有白葡萄酒都是這種清爽類型的，也並不是只有紅葡萄酒才會經過橡木桶陳年，有些白葡萄酒也會經過橡木桶陳年並會具備橡木的風味，只不過這樣的白葡萄酒必定是酒體飽滿、香氣濃郁的。經過陳年的白葡萄酒接受了橡木桶給予的煙熏、烤麵包和奶油的風味，也會產生一定的單寧，卻又不會喪失了原本的果香。

這種橡木風味的白葡萄酒，雖然是白葡萄酒，但是因為經過了橡木桶的陳年，再加上本身的濃郁風格，不再適合按照「白酒配白肉」的風格去配搭食物了，尤其要注意如海鮮、清蒸這類比較清淡的菜式。可以選擇一些具有煙熏味道的白肉，或者用奶油作為佐料的白肉來配搭這種白葡萄酒，這樣在口感上會更加相得益彰。

輕酒體輕單寧紅葡萄酒

　　紅葡萄酒一般會經過橡木桶的陳年，但時間上會有所不同，根據葡萄的品種及葡萄酒本身的質量和風味，通常會選擇陳年半年到兩年時間不等。但是也有紅葡萄酒是沒有經過橡木桶陳年的，它們以果香為主，酒體清淡、柔順易飲，很多人說這樣的酒適合剛接觸葡萄酒的人喝，其實我們經常接觸到的就是這樣的酒。一些在中國灌裝、在超市買到的價位很低的酒基本上都是這種風格的。很多葡萄品種都可以釀造這種類型的葡萄酒，只要是大規模生產的、沒有嚴格控制產量的、沒經過或短暫經過橡木桶陳年的葡萄酒都可以釀造出這種風格。這樣的葡萄酒單寧低，通常酒精度數也很低，以果香為主要風味，最出名的就是法國博若萊新酒，另外意大利瓦爾波利塞拉（Valpolicella）產區的瓦爾波利塞拉酒也屬這種風格。

　　這種輕酒體的紅葡萄酒可以拿來作為日常佐餐酒，每天吃飯的時候配餐喝，一是因為價格比較低廉，也比較百搭，二是因為酒體不重，可以與頭盤或者冷菜配搭，而且因為有一定的酸度，也可以與一些鹹味和酸味的菜配搭，來去除口中的油膩感。

酒體飽滿單寧重的葡萄酒

濃郁的紅葡萄酒配搭牛肉乾

　　這種單寧厚重、酒體飽滿的葡萄酒通常會經過一到兩年的橡木桶陳年，還有一定時間的瓶中陳年，這樣的葡萄酒強度、複雜度和酒精度數通常較高，有明顯的濃郁口感，當然，這樣表現完整的葡萄酒通常價格也會很高，所以高價格葡萄酒中，這類葡萄酒佔的比例比較大。比如說法國波爾多的一部分酒，西班牙的較高級別的葡萄酒，意大利南部產區的葡萄酒，澳洲一些南部產區的高級葡萄酒和精品酒莊出品的一些葡萄酒都屬這個類別。

　　這種類型的葡萄酒，可以在一個人的夜晚獨自慢慢品鑒，體會其不斷變換的口感和在口中濃郁而持續的味道。也可以三兩個朋友一邊閒聊一邊品嘗，分享彼此的心得。因為這類型的葡萄酒，實在值得大家為此付出一點時間，一點心情去欣賞，去享受。讓葡萄酒點綴自己的心情，點綴自己的生活，也是葡萄酒的一種使命。

　　酒體飽滿、單寧厚重的葡萄酒可以單獨品鑒，也可以配搭菜餚，只是選擇的菜味道也要相對重一些，否則酒的味道會完全蓋住菜的味道，它可以與一些重醬汁的或油膩的菜式配搭，厚重的單寧可以中和菜中的油膩，比如牛扒、羊排、東坡肉、紅燒獅子頭之類的菜式都可以與之配搭。

▶━━┤ 當中餐遇到葡萄酒

　　與懂得葡萄酒如何配搭西餐相比，懂得葡萄酒如何配搭中國菜就更難了一步，想要瞭解如何配餐，不僅要瞭解葡萄酒，同時也要瞭解菜的味道，而中國的菜系博大精深，除非你是廚師或者是一個吃貨，否則真的很難瞭解所有。除此之外，中餐比西餐更難配酒的原因還在於西餐是一道一道地上菜，每一道菜是一個味道，配一款酒。或者比較隨意的西式晚餐，可能只要一道菜，配搭一款酒也就可以了。而中國人的飲食習慣是四菜一湯，一大桌子菜大家一起吃，而不是分餐，更不會上一道菜，吃一道菜，撤下去再上第二道菜。所以中國人的餐桌上通常是酸甜苦辣鹹五味俱全，蔬菜、魚、肉一樣不少，要想用一款酒滿足所有的菜幾乎是不可能的。

　　當中餐遇到了葡萄酒，我們就不得不變通一下了。既然無法滿足所有，可以退而求其次，滿足最多或者最主要的味道。這就簡單了許多，雖然一桌子菜會有各種食材各種風味，但是可能會有一個主要的味道，比如說川菜的辣、東北菜的鹹。也有可能，一個餐桌上會有比較主要的菜，比如說北京烤鴨。這種情況下，只要選擇配搭主要口味或主要菜式的葡萄酒就可以了。吃川菜時可以選擇清爽味甜的白葡萄酒；東北菜可以選擇有良好酸度的紅葡萄酒；北京烤鴨可以選擇它的完美配搭酒黑比諾。這樣配搭就不再是一個難題了。

　　如果沒有主要味道，也沒有主菜，那麼可以大概看一下甚麼樣的菜式更多些？海鮮更多？素食更多？肉菜更多？醬汁菜更多？還是清淡的菜更多？這時就可以選擇一款可以配搭最多菜式的酒。最不濟的情況下，看一下自己最喜歡哪道菜，就乾脆不要管其他的菜了，選擇一款能配上你最喜歡那道菜的酒就可以了。

　　酸味的菜意大利比較多見，比如比薩、番茄醬通心粉，酸味在中國也同樣常見，糖醋排骨、鍋包肉、醋溜白菜、酸菜魚等都是以酸味為主的菜。根據意大利葡萄酒的傳統（相輔相成的法則），有一定酸度的葡萄酒可以配搭酸味的菜，這樣可以達

嘗試多種配搭

到味道一致，兩者相互提攜。而太酸的菜式則可以用略有一些苦味的葡萄酒中和一下。

鹹味的菜也可以用酸味的葡萄酒配搭，有酸度的葡萄酒可以很好地中和菜中的鹹味，這時可以用意大利北部的高酸度但酒體輕單寧柔順的葡萄酒配搭。除此之外，如果你喜歡偏甜一些的葡萄酒，也可以用半乾或者半甜的葡萄酒來配鹹味的菜，可以相互中和味道。不過我不建議直接選用甜酒，以免中和的感覺變成了衝突。同時要注意鹹味的菜不要用單寧很重的葡萄酒配搭，因為鹹味會讓葡萄酒中的單寧更加突出。

甜味的菜、甜點則可以用甜酒來配搭，甜酒中通常擁有非常好的酸度，這種酸度可以很好地配搭甜點的甜味。當然甜點一般都是在餐後，除了葡萄酒，餐後也可以配搭一些烈酒或者歐洲比較流行的果酒來中和甜點的甜膩感。

苦味的菜需要用同樣有苦味的葡萄酒去配搭。在葡萄酒中苦味不會像單寧的感覺那麼明顯，但酒體濃郁的葡萄酒會容易顯現出苦味。所以，苦味的菜式，可配搭一些酒體濃郁的葡萄酒。苦苦相加猶如負負得正，苦味之後會帶出酒的香醇和菜香。

辣味的菜比較難以掌握，如果你真的很喜歡辣味或者麻辣的感覺，可以嘗試單寧突出的葡萄酒，因為單寧會讓辣味在口中的感覺更加突出且持久，讓菜辣上加辣。但如果你受不了灼熱的感覺，或者想用甚麼味道與辣味相互中和一下，則可以嘗試清爽的果香型白葡萄酒。辣是一種很霸道的口感，在這種口感下，幾乎無法讓人靜下心來去感受酒的味道了。所以與其如此，要麼就辣碰辣，讓辣味更明顯更過癮，要麼就用清爽的乾白澆一澆口中的灼熱感。

葡萄酒配餐，從哪裏開始

葡萄酒配餐

　　葡萄酒與食物的配搭看起來好像很複雜的樣子，其實這是一個很好的探索過程。如果你開始留意葡萄酒與食物的配搭，就會在其中感受到無限的樂趣，並且在一次次嘗試中深刻地感覺到選對葡萄酒的重要性。那麼葡萄酒配餐，我們該從哪裏開始呢？

　　就從你下一次喝葡萄酒時開始吧！並不一定要晚餐才可以配葡萄酒，其實只要你在喝葡萄酒，周圍的任何食物甚至零食都可以拿過來嘗試。當然，如果你是在一桌子菜面前品酒，那就更不要錯過這個機會了。最快掌握葡萄酒配餐的辦法不是看這本書，也不是看任何葡萄酒專家寫的文章，就是喝酒吃菜，去親自嘗試。這裏用上那句「要想知道梨子的滋味，就要親口嘗一嘗」的名言再適合不過了。你完全可以每一道菜都用來配酒嘗試一下，然後體會一下在口中的感覺和味道。

　　一般嘗試的時候，可以先吃一口菜，咀嚼過幾次之後，要咽下去之前，喝一口葡萄酒，在嘴裏將菜與葡萄酒混合，混合一兩秒後一起下咽。這樣你就可以充分地體會到葡萄酒和這道菜配合時的口感。無論好與不好，都會給你留下深刻的印象，讓你馬上體會到葡萄酒配菜的口感與差別並記住它。好與不好，對你而言都是一份驚喜地發現。

成功人士的道具

　　類似簽約酒會、開業慶典、產品發布會、公司周年紀念這樣的場景，除了讓我們想到人群與掌聲外，也會讓人想到如今這類場景中不可或缺的慶祝道具——葡萄酒。隨着酒文化在人們生活中的不斷深入，葡萄酒被納入成功道具的時代已經到來，並會日趨深入人心，就好像中秋節吃月餅，端午節吃粽子會慢慢成為一種習慣。

　　但是這就要求公司的領導、員工懂得一定的葡萄酒知識，甚至公司領導還需要懂得一些開葡萄酒的技術，最好還要嫻熟優雅。試想慶典儀式開始，掌聲響起，一片歡呼，鏡頭對準要開香檳酒的董事長或總經理，相信是沒有人想在這種場合下有任何差錯的。

　　而對於一些跨文化合作的公司或國際化的企業，員工時常需要與外國的工作人員打交道，這不僅僅要求他們需要懂酒，甚至要學會品酒，學會談論酒，要對葡萄酒有一些見識。因為和很多外國人打交道時葡萄酒文化是相對廣泛而時尚的話題。葡萄酒是一個永恒的話題，它不像談論天氣一樣平淡，也不會像談論政治那樣複雜，它是一個可以體現自身修養又能融入一個環境中的話題。韓國三星經濟研究所

發布的一份問卷調查顯示，84% 的首席執行官（CEO）因為不懂葡萄酒知識而有過精神壓力，95% 的人認為葡萄酒知識重要或有時重要。甚至有些時候，尤其是在商業洽談中，葡萄酒可以左右磋商的方向。

據我所知，華為、周大福以及一些航空公司都曾為其高層舉辦過葡萄酒知識培訓。我曾經親身經歷了華為高層的培訓，讓我驚訝的是那些高層們沒有一個是馬虎的，甚至有人帶着平板電腦，培訓師講到哪裏就馬上在網上查到哪裏，非常認真，遇到不明白或想瞭解更深入的地方也會馬上詢問。看到他們如此嚴謹認真的態度，不難想像瞭解葡萄酒知識與文化對於他們來説有多麼的重要。

牛津與劍橋大學都會定期為學生做葡萄酒知識的培訓並成立了葡萄酒協會，甚至會每年都舉行一次品酒比賽。在大學中就開始培養學生對葡萄酒的瞭解是非常必要的，就像培養學生社交能力、解決問題的能力一樣，葡萄酒已經不是簡簡單單地被定義為與食物配搭的一種飲品了，它是一種社交飲品，是走向成功的道具，是成功需要的道具。

現在的中國，葡萄汁對酒精的時代已經過去了，葡萄酒已經走向正規的發展方向，在一線城市幾乎已經不再有雪碧對紅酒的現象了，甚至二三線城市的一些酒類經銷商都會定期給客戶進行專業的葡萄酒知識培訓。越來越多的大學開設了葡萄酒專業，雖然很多是選修課程，但對於普及和傳播葡萄酒文化起到了很好的作用。自媒體時代開始之後，想要瞭解更多的葡萄酒知識，知曉和參加更多的葡萄酒文化活動變得更容易了。我作為葡萄酒講師也一年比一年更深刻地感到，來參加專業品酒師課程的學員中，愛好者（非葡萄酒行業內工作人員）佔的比例越來越高，這也説明了很多人希望，甚至迫切地想要瞭解更多關於葡萄酒的文化和知識。

第五節

品酒私情

我一直不支持把品酒做成八股文章一樣，一定要遵循某些條條框框。葡萄酒是大自然贈送給人類的禮物，所以不讓它任由人工的力量去改變太多，而是一種釋放才對。開啟的那一瞬間，酒開始釋放孕育已久的情懷，去俘獲品嘗者，如果品嘗者反而開始拘謹了，豈不是枉費了酒這麼久的等待？

▶━┥ 品酒，也有私情

絕大部分的葡萄酒愛好者並不是品酒專家，不懂得品酒，也不需要懂得如何品酒。即便是專業學葡萄酒的人，在品酒的時候也會加入私人感情，甚至國際性的品酒專家，他們對待同一款酒的態度有時也是截然不同的。此時，我腦海裏突然聯想到了蠟筆小新，那個不喜歡吃青椒的 5 歲小男孩，我想他長大了應該不會太喜歡赤霞珠這種有青椒味道的葡萄酒吧，但是到目前為止誰又能撼動波爾多葡萄酒國王的位置呢，所以很多時候大家都在談論哪一種酒多好多好，也許你會發現對於你來說，那款酒並沒有那麼打動你的心。

這也是葡萄酒的魅力所在吧，雖然有它統一的標準，但是每個人都有自己的感觸，正所謂蘿蔔青菜各有所愛，有些人更注重氣味，有些人更注重口感，有些人喜歡複雜型的，有些人是喜歡簡單的果味型的。經常有人問我，甚麼樣的酒才是一瓶好酒？怎樣分辨它的質量？而我在想，他這麼問，是想得到一個甚麼樣的答案呢？好到甚麼程度才能算是好酒？而評分很高的酒，所謂的好酒，他又真的會喜歡嗎？所以，我經常説，你喜歡的就是好酒，對於你

品酒

來說最適合你的就是最好的酒。這就和談戀愛是一樣的，條件好的、相貌好的、品性好的選擇比比皆是，然而最後你選擇和你在一起的一定是最適合自己的，因為對於你自己來說最適合的才是最好的。品酒也是如此，要遵從自己的感覺，不要被別人的言論所牽絆，只要你細細地品味，葡萄酒就會給你帶來更多的驚喜。因為品酒，有的時候也有私情。

品酒與心境

葡萄酒有很多個品牌，除了那些個別的品牌追求者，如果按照牌子來選擇葡萄酒的話，人一定會瘋掉。對於一個喜歡葡萄酒的人來說，就算每次都選擇之前沒有喝過的品牌，這一生也不可能品嘗到所有品牌的葡萄酒。在葡萄酒界也的的確確有這樣兩種極端的消費者，一種極端是，嘗了眾多美酒之後，在芸芸眾酒中找到了屬自己的那一款，於是盯死了只喝那一款酒。還有一種極端是，但凡是喝過一次的葡萄酒，絕對不再喝第二次，因為品牌那麼多，他們認為何不把有限的人生留給還沒嘗試過的酒款呢。

當然，這兩種極端的人雖然都有，但並不是大多數，更多人認為葡萄酒的個性還是來自於產區和品種多一些，於是更多的時候，我們在酒吧或酒店是選擇一個葡萄的種類，而並不是一個公司或者一個品牌。這也是一種趨勢，人們在做選擇的時候會慢慢地將品種和產區劃入考慮的範圍。

然而選擇酒，甚麼時間喝、甚麼場合、甚麼目的、喝甚麼酒也要看看當時的心情，然後根據心情來選擇合適的酒 。一般來說，在某些場合下，我會有以下幾種選擇：

少女型：和同性朋友出去吃飯娛樂的時候，我會選擇維歐尼品種的白葡萄酒。維歐尼是一種有着很獨特的濃香水味道的葡萄品種，一般質量都很高，不像雷司令那樣酸，不像霞多利那樣複雜，卻也不簡單，口感濃郁且更加平衡，讓像我這樣比

較喜歡花香型又不喜歡太輕飄的人覺得剛剛好。而且維歐尼即便是乾白葡萄酒，卻因為那濃濃的香水味而讓人感到一絲甜甜的味道，非常適合中國人的口味，可能是因為價格偏高，所以在中國還不流行。這是我最喜歡的品種，所以在最開心的時刻我會選擇它，尤其和同性朋友在一起無所不談分享人生的時候維歐尼是最適合我這種心情的。

輕熟女型：如果有異性朋友在場，或者純粹是和異性朋友一起的時候，我會選擇美樂品種的紅葡萄酒。我是一個比較獨立，性格比較堅強的女人，即便和男人在一起的時候我也經常不自覺地漏出我強勢的本性，而美樂獨特柔軟順滑的口感，可以讓我很容易地放下強硬的一面，展現女子柔弱的一面。雖然在我心裏一直認為年輕的女人更適合白色的起泡酒，積極、活躍、向上、明朗、年輕……可彷彿我們這些80後早期的女子已經過了那個年齡了。也或者對於我來說，當和異性朋友在一起的時候是希望自己即便不是熟女也要是個輕熟女吧。至少在不太熟悉的異性面前，不要太過分暴露自己的本性。

熟女型：這一種比較特別，就是在只有我一個人的夜晚，思念遠方的愛人也好，享受一個人的孤獨也好，體會低落的人生也好，我會選擇赤霞珠品種的紅葡萄酒。赤霞珠是紅酒中經典的品種，像思念一樣悠遠，像孤單一樣深沉，像人生一樣複雜，苦澀中的甘美，是那種心情下最完美的搭配。

拋開別人的術語，品自己的酒

提到品酒，很多人的第一感覺是用嘴，用舌頭，是「喝」這個動作，而當初學習品酒的時候，我總是感覺葡萄酒的氣味更獨特一些，所以我總是用更多的時間在「聞」這個動作上，但是我不知道自己的這個想法是否正確，直到老師告訴我並沒有理解錯。

一篇獲諾貝爾獎的論文寫到，人的嗅覺系統由將近1000種不同基因編碼的嗅覺受體基因群組成，這些基因群交叉組合可分辨1萬多種氣味。遠遠超過視覺和味覺可以分辨的程度。

　　知道了這些知識，也知道了葡萄酒的氣味分 12 大類，29 亞類和 94 種典型氣味。很多人便開始致力於去學習，去品嘗，去熟悉列在單子上的這些描述葡萄酒氣味的專業術語，結果發現了麝香、天竺葵、尤加利葉等極其不常見的味道，卻不知道這些名稱對應的到底是甚麼物品，也不知道要去哪裏尋找。而那些我們熟悉的又可以找到的，比如說堅果、蘆筍、黑醋栗，我卻又不確定它們的味道，因為它們本身味道就非常的淡，把他們放在鼻子前聞即便聞到味道也很難印象深刻。哪怕是櫻桃這樣常見的水果，如果你下次去超市有賣櫻桃的，不妨把它放在鼻子前聞聞，你會發現其實也聞不出甚麼味道。於是乎市場上就出現了「酒鼻子」這一產品，這個產品對於那些想專業研究品酒或者對品酒極端感興趣的人來說是會有些幫助的。但是對於大部分人來說，既沒有那個精力，也沒有那個財力，彷彿也沒必要買這個酒鼻子。

　　其實品酒就是品嘗你手中握着的酒，這是一杯屬你的酒，你有權用任何方式去形容、去描述它，完全不用拘謹於葡萄酒香氣輪盤上的那些專業術語。因為我們每個人成長的環境不同，個人愛好不同，所以熟悉的味道也不同，再加上思維方式不同，語言表達方式不同，所以描述一杯酒的用詞也會不同。不要覺得自己偏離了軌道，其實品酒最重要的就是把你感覺到的表達出來，而不是對照着氣味列表，一邊回憶着麝香味一邊聞手上這杯酒，看到底有沒有所謂的麝香味。

記得我第一次品嘗維歐尼的時候，記憶中它的品種特點是香水味，我當時聽到後腦海裏面完全沒有任何深刻的概念。香水味？乍一聽彷彿有些印象，但是仔細想想，香水味具體是甚麼味呢？香水本身就有好多好多種氣味，每一款都不同，而且相差甚遠。於是我持懷疑的態度聞了一下維歐尼，沒想到撲面而來的是一股很強烈的洗髮店的味道，隨後我問了很多人，他們都表示並沒有聞到類似味道，但是對於我來說這股濃厚的理髮店味道就是我對維歐尼品種特點的記憶。之後每次盲品當我聞到這個味道時都會非常確定，這一杯品種是維歐尼。當然，我並不是說這個味道不好，維歐尼其實種植相對較少，收穫的葡萄質量相比其他品種而言要好，所以葡萄酒質量較高，酒體飽滿，價格也不便宜，是適合釀造高級葡萄酒的品種。我認為主要是我上學期間曾在理髮店打過工，所以對理髮店的味道熟悉也敏感，可能哪怕只有一點點類似某種洗髮水的味道就會讓我想到理髮店。

而赤霞珠和長相思，甚至有時候在霞多麗中都會出現的一種沁人心脾的草本味道，有人形容是割青草的味道，有人形容是樹葉或是青蘋果的味道，但是每次我一聞到這種味道，腦袋裏只會聯想到我曾經用過的一款香水。那其實是一款有蘋果味道的香水，因為我曾經每天都用，所以對這個味道非常的熟悉。

總而言之，可以乾脆不去糾纏那些氣味與味道的形容詞，只是簡簡單單地描述自己的感受，放鬆心情，淺嘗一口，或許你感受到一絲暖意，或許你感覺更貼近了大地，又或許某一瞬間想到了晶瑩的水滴，而到了清澈的河流，置身於蔥郁的森林，也或許你會感受到一片花海，而把這片花海贈送給你的愛人，是不是比一束鮮花更加浪漫呢⋯⋯也許這樣的品酒太過詩情畫意了，但是葡萄酒本就是大自然雕塑的一件藝術品，無須拘謹於品酒術語的條條框框，用自己的感情去感受你手中的那杯葡萄酒吧！

葡萄酒的養生文化

　　在這裏，首先要提出兩個觀點，第一，健康從來不是葡萄酒被選擇的首要理由。很多葡萄酒生產商、經銷商在葡萄酒文化宣傳中，總會提及葡萄酒的養生功效，總會用葡萄酒對人體的健康有益作為選擇葡萄酒的一個理由。但葡萄酒帶給人們的首要理由並不是養生作用。

　　第二，不要忽視葡萄酒作為酒精類飲品給人體造成的一定危害。葡萄酒是否對人體健康存在很大益處？存在哪些益處？還有待研究。但是酒精給人體的害處是真真實實存在的。葡萄酒與其他酒精類飲品相比，再健康它也是酒精類飲品，過量飲用對人體同樣存在危害，飲用後也同樣不可以開車，與其他酒精類飲品並沒有本質上的區別。所以不要認為葡萄酒存在對人體有益的物質就可以過量飲用，也不要認為身體中存在的一些健康隱患可以依靠飲用葡萄酒得以治愈。

　　葡萄酒的確含有對人體有益的成分，但是任何飲食均不宜過量。

▶━┤ 葡萄成分解析

葡萄酒是由 100% 新鮮葡萄壓榨成汁發酵而成的，雖然根據不同情況的需要會另外加入其他一些物質，但是絕大部分成分還是葡萄本身所含的物質。所以葡萄酒的養生作用和對人體的益處多來自於葡萄本身的營養成分。葡萄本身對人體具有助睡眠、助消化、防癌、防炎症、抗衰老等功效，所以由葡萄釀製而成的葡萄酒也擁有這些功效。

酒石酸──助消化

葡萄中含有較多的酒石酸，有促進人體消化的作用，釀製成酒後酸性物質依舊存在，這種酸性物質在配餐時起到排油解膩、助消化的作用。

原青花素──抗衰老

葡萄子含有不可多得的抗氧化成分原青花素，其抗氧化的功效比維他命 C 還要高出 20 倍，比維他命 E 高出 50 倍。眾所周知抗氧化是防止衰老的辦法，釀造紅葡萄酒時，葡萄子與葡萄皮同時浸泡在葡萄汁中發酵，所以葡萄酒中同樣保留了這種抗氧化成分，可以防止衰老。

白藜蘆醇──抗癌

葡萄中含有一種抗癌物質，叫作白藜蘆醇。白藜蘆醇可以有效防止健

中國古代關於葡萄酒保健方面的記載

「為此春酒，以介眉壽」。
　　　　　　　──《詩經》

「酒者，天之每祿，帝王所以頤養天下，享祀祈福，扶衰養疾」。
　　　　　　　──《漢書‧食貿志》

「暖腰腎、駐顏色、耐寒」。
　　　　　　　──《本草綱目》

「葡萄酒運氣行滯使百脉流暢」。
　　　　　　　──《飲膳服食譜》

「葡萄酒肌醇治胃陰不足、納食不佳、肌膚粗糙、容顏無華」。
　　　　　　　──《古今圖書集成》

康細胞癌變，阻止癌細胞擴散。葡萄汁釀製成酒後，這個成分依舊存在，外國有專家研究發現，葡萄酒擁有一定抗癌物質。但在這裏多說一句，葡萄中本身存在的抗癌作用的成分在葡萄中佔比不到 1%；所以作用其實微乎其微，目前只是證明這種抗癌物質存在於酒中，但並沒有科學家證明葡萄酒本身有多大的抗癌功效。

褪黑素—— 助睡眠

葡萄中含有一種成分叫作褪黑素，褪黑素是大腦中松果體分泌的物質，這種物質可以調節睡眠周期，治療失眠。晚餐後飲用適量的葡萄酒，可以有助睡眠，但若睡眠前大量的飲用葡萄酒，則不僅不會助睡眠，反而因為葡萄酒的利尿作用，會導致起夜而不得安眠。

礦物質、維他命—— 防止神經衰弱、抗疲勞

葡萄中含有大量的礦物質（如鈣、鉀、磷、鐵等）、各種維他命（如維他命 B_1、維他命 B_2、維他命 B_6、維他命 C、維他命 P等），還有各種營養物質，故常食用葡萄可以緩解神經衰弱和過度疲勞。而釀酒葡萄因為根部更加深入土壤，可以汲取深層土壤中更多營養成分，所以葡萄酒中則含有更多的礦物質、維他命可以補充人體的日常所需。

如何飲葡萄酒最健康

飲酒要有量有度、有時有晌，與飲食配搭才能使飲用葡萄酒成為對人體健康有益的事情。

我們常說適量飲酒，那麼多少算作適量呢。葡萄酒的酒精度數在 11~14 度，一些甜酒或者濃郁醇厚的酒可以達到 15 度。比外國烈酒和中國白酒的酒精度數低了許多，但是葡萄酒卻後勁十足，所以不宜飲用過多。一般而言，男性每人每天飲用不超過 250 毫升，女性每人每天飲用不超過 150 毫升比較合適。正常瓶裝的葡萄酒為 750 毫升，葡萄酒一般倒至酒杯的 1/4 至 1/3 即可，一瓶葡萄酒正常可以倒 8 杯左右，所以正常情況下，合適的飲酒量也就是每日 2 杯左右，過量則不宜。

另外，很多人喜歡吃夜宵時飲酒，尤其很多男性更是經常相聚飲酒到凌晨，這個點喝酒不管喝甚麼都是不健康的。葡萄酒最佳的飲用時間是在晚上 7 點到 9 點半之間，最好可以有食物相伴。比如在晚餐的時間與食物一起配搭飲用，如果配搭得當，不僅可以提升葡萄酒與菜餚的味道，還可以起到去油膩、助消化的作用，是最健康的選擇。而過了 9 點以後是臨近睡眠的時間，過量飲酒則會影響到睡眠。

無論哪一種酒，空腹飲酒都是對身體不好的。如果因為某些特殊原因酒水不能與菜餚配搭食用，又沒能提前用餐，那麼可以吃一些餅乾、芝士或者喝一瓶酸奶來保護胃黏膜，再飲酒便可以緩解酒精對人體特別是肝臟造成的傷害。

與其他酒類不同，啤酒喝個爽，白酒喝個烈，葡萄酒則需品其味。飲用葡萄酒時最不該用的方式就是「乾杯」，葡萄酒是需要慢慢品嘗、慢慢享受的酒，不適宜快速飲用，否則不僅無法體會到葡萄酒該有的味道，更因為飲用速度太快，酒精無法及時揮發，導致醉的過快，也對人體有害。

曾經傳說喝酒臉紅的人能喝，但後來已被科學證明，喝酒臉紅是因為人體內對於酒精的降解酶少或者活躍度低造成的，所以其實喝酒臉紅的人是不適合多喝酒或者喝快酒的。

▶━━┥ 葡萄酒還能帶給我們甚麼

葡萄酒除了喝，還可以用來做甚麼呢？下面來為大家介紹一些葡萄酒的其他用途。

葡萄子護膚品

很多護膚產品都是在葡萄子中提取的，前文提到過葡萄子中含有大量抗氧化、抗衰老的成分，而葡萄子則是釀造葡萄酒的副產物，葡萄子提純後，可以得到世界上最好的抗衰老物質，是如今時尚人群中無人不知的護膚產品。有些酒莊利用釀酒過濾出來的葡萄子製造護膚品，生產出酒莊的附屬產品，不僅葡萄子可以得到再利用，更因為生產天然的抗衰老護膚品給酒莊創造了更多的利潤價值。最著名的品牌叫作高達麗（Caudalie），由波爾多的史密斯拉菲特（Chateau Smith Haut Lafitte）酒莊生產。在中國也可以買得到，而且價格比那些國際大牌子要實惠多了。

葡萄酒面膜

市場上最常見到的葡萄酒護膚品就是紅酒面膜，幾乎每個超市都有銷售，紅酒面膜的功效多是抗衰老、提亮膚色、美白護膚，與葡萄和葡萄酒本身對皮膚的護理功效差不多，是一些生產商將葡萄酒中的護膚成分提煉後製造出來的，可以更直接地保養皮膚。當然，現在市面上有多種紅酒面膜，但是只有從葡萄酒中提取製作的面膜才是真正有效的。如果

你不知如何選擇市場上的產品，也可以自己在家用紅酒製作簡單的面膜。

紅酒蜂蜜面膜

做法：將 20 毫升紅酒倒入消過毒的玻璃杯內，放在沸騰的水
裏浸泡 20 分鐘左右（讓紅酒中的酒精蒸發掉一些，以
免引起皮膚過敏），然後加入蜂蜜 2 茶匙（約 10 毫升）、
珍珠粉少許，混合均勻。

用法：均勻塗在臉上，5 分鐘後溫水沖洗。

作用：美白、滋潤肌膚、清潔毛孔。

紅酒牛奶面膜

做法：將 20 毫升紅酒倒入消過毒的玻璃杯內，放在沸騰的水
裏浸泡 20 分鐘左右，然後加入 1/3 杯（約 80 毫升）
的牛奶、1 小匙（約 5 毫升）橄欖油、1/4 杯（約 60
毫升）的蜂蜜和適量麵粉調成糊狀。

用法：均勻塗在臉上，5 分鐘後溫水沖洗。或使用面膜紙，
七成乾後取下，用溫水洗臉。

作用：縮毛孔、清黑頭、提亮膚色。

葡萄酒水療

葡萄酒水療（SPA）與葡萄酒面膜類似，不過葡萄酒 SPA
提供更全面，更專業的服務，包括紅酒浴、紅酒護膚、紅酒泥
敷身等各種護膚項目。葡萄酒 SPA 在葡萄酒之鄉勃艮第尤為盛
行，有美白肌膚、排毒養顏、抗皺防衰老等功效，雖然得到了
很多愛美人士的追捧，但還是。她們甚至會不惜重金，專程前
往勃艮第去感受最專業的葡萄酒 SPA。如今世界很多地方都開
始出現紅酒浴、紅酒溫泉，包括中國。

葡萄酒入菜

用葡萄酒做菜也很常見，尤其是一些西餐廳或者五星級酒
店，都有用紅酒入菜的菜式。大家最熟悉的就是紅酒雪梨了，
非常清新爽口，其他一些牛扒、豬扒、雞翼，甚至是一些魚類、
蘑菇、豆腐為主料的菜式也可以用紅酒調味。用紅酒調味的菜

式，更加適合配搭紅葡萄酒食用，用哪款酒做的菜就可以用哪款酒佐餐，這或許是餐酒配搭的最完美選擇。用紅酒調味不僅可以提升菜的味道、去除腥味、油膩，還可以加入葡萄酒中的養生成分。下面介紹幾款比較常見的菜式，我們在家裏也可以試試，不是很複雜。

紅酒雪梨

原料：紅酒 700 毫升，水晶梨 1 個，檸檬半個。

調料：冰糖、肉桂粉各適量。

做法：

1. 檸檬洗淨切片，放入水中備用。
2. 水晶梨洗淨去皮、去核，對半切開，放入泡有檸檬片的清水中防止變色。
3. 紅酒倒入鍋中，放冰糖、肉桂粉，煮至冰糖化開。
4. 放入水晶梨，中小火煮至紅酒翻滾，轉小火繼續煮 1 小時。
5. 煮好盛出，涼涼放入雪櫃中冷藏幾小時再食用。

紅酒雞翼

原料：雞翼 500 克，紅酒 1 杯（約 240 毫升）。

調料：薑片、鹽、生抽各適量。

做法：

1. 雞翼洗淨，用刀劃幾道斜口，用廚房紙吸乾多餘水分。
2. 平底鍋倒少許油，放入薑片、雞翼，小火將雞翼兩面煎至金黃，調入適量鹽。
3. 慢慢倒入生抽和水，翻炒幾下。
4. 倒入紅酒，基本蓋過雞翼表面，大火燒開後小火收汁即可。

第五章

葡萄酒市場

　　關於葡萄酒前面介紹了這麼多，我想大家最關心的還是在哪裏可以買到葡萄酒，葡萄酒長相差不多為甚麼價格差那麼多？價格究竟説明了甚麼？如何選到物美價廉的葡萄酒？究竟在這個市場上哪些葡萄酒是好的？應該買哪個品牌的葡萄酒？到哪裏買才不會被騙？也許你對葡萄酒已經很感興趣了，但是選酒一直是一個讓你頭大的問題。在這一章節裏，我會為你解答這些問題。

影響葡萄酒的價格因素

　　葡萄酒價格各異，從幾元到幾萬元、十幾萬元的都可以在市場上找到，很多人會奇怪，為甚麼包裝差不多的葡萄酒價格卻可以相差那麼多？啤酒也是那麼多品牌，可價格都相差無幾，就算是外國進口的啤酒，與本地啤酒也沒有那麼大的價格差距。雖然白酒有價格差異，但是差距卻遠遠不如葡萄酒之間的差距那麼大。究竟是哪些因素影響了葡萄酒的價格，上萬元的葡萄酒是否真的物有所值呢？可以影響到葡萄酒價格的因素有五個方面，包括先天因素、後天因素、市場因素、品牌因素和人為因素。其中最重要的，也是決定葡萄酒基本價值基調的是先天因素，這也是葡萄酒與其他產品不同的地方，先天因素決定了葡萄酒的基本品質。

老葡萄藤

▶━┥ 先天因素──葡萄的質量

出身：葡萄品種、葡萄藤的年齡

葡萄品種

葡萄園的土壤

一般情況下，葡萄品種的差異不會太大地影響到葡萄酒的價格，但是有個別葡萄品種，比如說紅葡萄品種中的黑比諾和白葡萄品種中的維歐尼，因為葡萄本身非常嬌貴，對土壤和天氣比較挑剔，又對各種病蟲災害缺少免疫從而難以種植，導致這些葡萄品種的種植，或者收購的成本比其他葡萄品種高，這種情況才會直接影響到葡萄酒最終的價格。

葡萄藤的年齡直接影響着葡萄的產量和質量，所以也直接會影響到葡萄酒的最後價格，這也是為甚麼很多葡萄酒打着老藤的旗號從而提高葡萄酒的價格和價值。

天時：葡萄的採摘年份、葡萄藤疾病

前面已經提到過很多次年份對於葡萄酒的重要性了，尤其在一些頂級酒莊中年份對葡萄酒價格的影響是非常明顯的，好年份與差年份的價格可以相差成千上萬元。一個好的年份，需要春夏秋冬每個季節的天氣都正好達到當地的葡萄生長的最佳條件，所以好的年份酒價格會更高。除了氣候的影響外還有各種葡萄藤的疾病和天災，比如說龍捲風、火災等會使得葡萄產量大幅度減少。若遭遇天災或者病蟲害的年份如果沒有影響到葡萄質量，只是影響到了產量，那麼釀成的葡萄酒價格也會提高。

曾經有一位資深葡萄酒愛好者普林斯頓大學的計量經濟學教授奧利‧阿什菲爾特（Orley Ashenfelter），根據 1952 年至 1980 年間 6 家波爾多名莊中 10 個年份的 60 款葡萄酒在 1990 年到 1999 年的倫敦市場拍賣情況，推導出了一個葡萄酒價格公式：葡萄酒價格被解釋變量 =0.0024× 酒齡 +0.608× 葡萄生長期平均氣溫 -0.0038×8 月至 9 月降水量 +0.00155× 上一年 11 月至本年 3 月的降水量。

我數學非常不好，對這麼晦澀難懂的數學公式基本上是一頭霧水。但我個人的理解，這個變量應該是越大越好，那麼這個公式至少可以說明有哪些因素會影響到葡萄酒價格。在這四個影響因素中有三個都是跟當年的氣候有關，有一個是跟葡萄酒的年份有關係，如此可見，酒齡與出產年份的氣候對葡萄酒價格的影響是多麼徹底。

地利：產區、土壤

葡萄酒產區的地理位置、海拔、坡度，葡萄園土壤的成分、結構、排水性能等都會直接影響到葡萄的質量，進而影響到葡萄酒的價格。另外，葡萄酒產區的名氣也會間接影響到葡萄酒的價格，雖然它不一定會影響到質量。比如說波爾多產區的葡萄酒與羅馬尼亞產區的葡萄酒也許質量上相差不多，但因為波爾多更有名氣，價格便可能會比羅馬尼亞的葡萄酒高一些。

不同搭棚架的方式

人和：葡萄園管理、採摘

　　除了出身、天時、地利的因素，當然也會有人工的因素，人工對葡萄園的管理措施也會左右葡萄的質量，進而影響到葡萄酒的價格。比如説葡萄園搭棚架的方式、灌溉管理、剪枝數量、葡萄藤之間的間距都會影響到葡萄的產量和質量。另外非常重要的一點就是葡萄的採摘時間，過早採摘會使葡萄糖分低酸度高，採摘晚了則會使葡萄酸度低糖分高，把握最理想的採摘時間，使葡萄在採摘的時候達到釀造葡萄酒的最理想狀態，這是人為因素在左右着葡萄酒的質量。此外，採摘的方式、速度也都會影響到葡萄的質量，一般情況下機器採摘的葡萄會比手工採摘的價格低，不僅因為機器採摘的質量不如手工採摘的好，也因為人工的費用比較高。

　　如果釀造一瓶酒的葡萄出身夠好、年份最佳、佔據有利的地理位置，又遇到了伯樂管理葡萄園，那麼在其他因素相同的情況下，這瓶葡萄酒的最終價格必定比其他的葡萄酒高。一瓶葡萄酒的質量 70% 來自於葡萄本身的質量，可見葡萄質量對於一瓶葡萄酒來説有多麼的重要。

後天因素──包裝、運輸、保險、人工

　　葡萄採摘下來後釀酒與陳年的過程屬人為因素，這一點我們稍後再談，先介紹一下會影響到葡萄酒價格的後天因素。

　　當酒可以灌裝的時候，酒瓶的選擇（普通瓶還是重瓶）、酒塞的選擇（軟木塞還是螺旋塞、完整的軟木塞還是合成的酒塞）、酒標的設計（人工費用、版權費用）、酒標與封瓶的材質、酒瓶的外包裝（紙盒還是木盒、材質的選擇），都會涉及各種不同的選擇，質量與價格也會有很大不同。這些費用最後都會體現在葡萄酒的價格上。

　　除小部分廠商只做當地生意，大部分生產商的葡萄酒會選擇出口擴大市場，選擇空運、陸運或是海運，再加上運輸保險，這些都不可避免會產生費用。這些費用也都會計算在葡萄酒的成本中。

▶━┥ 市場因素——關稅、渠道價格、宣傳費用、市場需求

對於中國的市場來説，關稅是很大一塊成本，不僅僅是關稅本身，如果因為各種緣由被海關扣押，每日還需要支付一定的報關費用，進口商們必定也會將這些費用計算在酒的成本中。

關稅之後，便是渠道價格，渠道價格也是佔據了很大一塊成本，酒莊出口價是一個價格，到了進口商那裏，加上了關稅、運輸、保險、人工、運營等費用又是一個價格，從進口商再到各省市經銷商和代理商，經銷商再供貨給酒店或商店，再由酒店和商店供給消費者，這每過一個環節，就需要加一筆費用，加之每個環節還要賺取利潤，這些所有的費用都會加到最終的葡萄酒價格中。而品牌宣傳、廣告、促銷以及活動這些用於宣傳產品的費用也會被平攤到葡萄酒的價格中。

另外，有一種無形的因素也極大的影響着葡萄酒的價格，那就是市場需求。市場需求最容易將某款酒炒作到不合情理的價格，比如説大家熟悉的拉菲。除了拉菲之外，還有很多好的葡萄酒，因為名氣大，或者因為產量少且質量高備受推崇，比如澳洲奔富的葛蘭許，再比如最近興起的加利福尼亞州膜拜酒。

各種各樣的葡萄酒包裝

葡萄酒的包裝

品牌因素──品牌價值、酒莊歷史

與市場需求相同，當一個酒莊或者一個系列成了一個知名品牌，比如奔富，那麼它的品牌價值也同樣會體現在葡萄酒的價格中。不僅如此，有一些「貴族酒莊」因為酒莊出身名門，地位顯赫，所以哪怕葡萄酒的質量與其他酒相比甚至略差些，價格也都會居高不下，這可能是一種門第尊貴的需要吧！

人為因素──釀造工藝、釀酒師和羅伯特·帕克

雖然在釀造過程將葡萄酒質量大大提升的空間不大，但是要確保整個過程中都達到最理想的狀態並且不出現任何問題，讓葡萄酒最完美地展現出來也並不是一件容易的事情，釀酒師往往面臨着很多選擇，加多少二氧化硫，是否過濾澄清，是否進行乳酸發酵，用橡木桶、水泥罐還是不銹鋼桶發酵、陳年多少年，用多新的橡木桶等都是釀酒師需要不斷考慮的問題，比如說橡木桶陳年，並不是在橡木桶中存放的時間越長越好，該不該進行橡木桶陳年，該陳年多久才使這款酒的口感達到最好，這都需要釀酒師來掌握。有一些知名的釀酒師，因為名氣很大，尤其是那些有大名氣的又已經退休或者離世了的釀酒師，他們釀造的酒則更是身價倍增。

說到這裏就不得不再提一次羅伯特·帕克以及他的分數，他和他打給葡萄酒的分數對葡萄酒價格的影響尤其會體現在名莊酒上。甚至有人統計研究過，羅伯特·帕克的分數每上漲 1 分，葡萄酒的價格就會隨之上漲 7%，而每下降一分，價格則會下降不止 7%，這是非常可怕的事情，因為你無法預測到他的心情，但他的一句話、一個分數就可以立即影響到葡萄酒的價格。

橡木桶

不銹鋼桶

水泥罐

◤—┤ 不合理因素──價格不透明、消費者不瞭解

上面說的就是一瓶葡萄酒從葡萄園到你手上的價格之旅，正常情況下，消費者最後買單的價格在酒莊出廠價的 4 倍以內都是合理的範圍。但也不乏一些商家利用葡萄酒價格的不透明和消費者對葡萄酒的不瞭解，大大增加了葡萄酒最後售出的價格，這樣的價格就屬不合理的範圍。雖然現在市場上仍有不合理因素存在，但隨着葡萄酒網絡商城的發展和完善，越來越多的消費者開始品嘗葡萄酒、瞭解葡萄酒，這樣的情況也會隨之減少。

第二節

去哪裏購買葡萄酒

葡萄酒的價格是消費者很難左右的事情，但是去哪裏購買是可以自己做主的。相對於白酒和啤酒來説，我認為葡萄酒的選擇面更廣，可供選擇的酒也更多。喜歡葡萄酒的人就應該多多嘗試，如果只為了 Bin389 或者 Bin407 一棵葡萄藤而放棄了整片葡萄園，那就體驗不到品嘗葡萄酒的樂趣了。在浩瀚的葡萄酒海洋中挑選出你喜歡的酒，也是一件很有樂趣的事情。雖然每個人的口味都不一樣，但是可以確定的是，你喜歡的酒絕對不止有一款。

下面説説可以購買到葡萄酒的常見渠道。

超市

超市的葡萄品陳列

超市是比較傳統的購買渠道，現在很多人是從超市購買酒的，超市的葡萄酒多半是中國釀製的葡萄酒，很多都配有一些看起來不錯的包裝禮盒。在一些中國的國際連鎖超市中進口葡萄酒的比例則會比較大，可選擇的酒款也比較多。超市葡萄酒多源自於葡萄酒代理商。大型的連鎖超市因為進貨量比較大，相對可以從代理商那裏得到比較實惠的價格，而且超市在價格上也受到比較正規的管理，所以一般從超市購買的葡萄酒不太需要擔心是不是價格加了太多，一般只是性價比有所不同。

不過隨着入場費、上架費的增加,超市一些葡萄酒的性價比並不是很高,在一些中小型超市中還會出現因採購者對葡萄酒挑選不慎而導致有假酒的情況。如前文所說,假的葡萄酒在外包裝上不是那麼容易辨認出來。所以在一些小超市購買時還是要好好查看一下葡萄酒的中文背標。

葡萄酒專賣店、煙酒行

葡萄酒專賣店與煙酒行相比,我還是更傾向於去葡萄酒專賣店購買。一般的葡萄酒專賣店通常會叫作「××酒窖」、「××酒莊」、「××紅酒屋」、「××酒坊」等類似的名字。他們的葡萄酒多和超市一樣來自於各個葡萄酒代理商。不過相對於超市,這些專賣店的老闆們在選酒上或許更加專業一些,或許本身就是一個葡萄酒行家。他們挑選的酒在品質與口感上來說應該都沒甚麼問題,只是,因為他們的專業和他們面對不專業的消費者,會出現有些專賣店的價格定得過高的現象,讓消費者很難選到一款性價比高的酒。在這個時候,作為消費者如果喜歡哪款酒,想瞭解哪款酒,可以先記下中文名或者英文名回家在網上查一下。如果查得到,網上的價格通常都會比專賣店的價格低一些,但是如果沒有低太多那還是可以接受的。如果查不到,也並不代表酒是假的,可能是那款酒的價格還沒有透明,被額外加價的可能性會比較高。

葡萄酒經銷商、代理商

一些葡萄酒經銷商或者代理商會有自己的展示門店,雖然他們主要的銷售來源並不來自門店,但那裏可以展示他們的產品和企業文化,也能接待公司的客人。如果你認識在葡萄酒經銷商或代理商公司工作的朋友,或者你居住的附近有這樣的公司,你也可以直接從經銷商那裏購買,成為他們的團購客戶。

如果你很喜歡葡萄酒並且會經常在家或聚會的時候飲用葡萄酒(差不多每周1瓶或者更加頻繁),那麼你也可以選擇在經銷商或者代理商那裏購買,如果可以一次多買一些也會得到不

錯的價格，偶爾他們也會開展各種各樣的優惠活動，例如贈送禮品或者舉辦一些品酒會、講座之類活動，你就能有機會更深入地接觸葡萄酒和葡萄酒文化、品嘗更多的葡萄酒，也有機會接觸到其他葡萄酒愛好者。

葡萄酒網店、微信網店

葡萄酒網店已經悄然興起，做得越來越具規模，從倉儲到運輸都開始越來越規範了。現在比較大的一些葡萄酒網店包括也買酒、紅酒客、酒美網，都開始被大家所瞭解了。微信流行後，有一些自媒體平台也推出一些微信網店售賣葡萄酒，但購買時要選擇專業的平台，以免購買到假酒。在網店上購買的好處是價格透明，就算不是最便宜的價格，也不用太擔心價格過高。另一個好處是不需要自己運輸，葡萄酒一瓶 750 毫升，加上瓶子其實還是挺重的，兩瓶以上對於女孩子來說就已經是個負擔了，加之葡萄酒對運輸條件比較挑剔，如果是遠距離搬運，沒有一些專業的輔助用具還是挺麻煩的，網上買酒則解決了這些問題，不需要自己動手搬，酒就送到家門口了。無論是到超市買酒，還是專賣店買酒，因為架子的空間有限，我們很難在第一時間瞭解到除了酒標以外的其他信息，而網店的頁面中，大都會很詳盡地羅列出酒的各種信息，如酒莊的介紹、產地的介紹以及得過的獎項和分數，同時也會有其他買過的人寫的評論，這些都可以成為輔助你選酒的資料。當然，在網上購買也有缺點，首先是不可能第一時間拿到酒，另外，如果網絡公司管理不夠完善的話會出現發錯酒、發錯年份或者酒標酒瓶出現問題以及難以退貨的情況。

酒莊直接購買

如果你有機會去酒莊參觀，可以從酒莊直接購買葡萄酒，不過雖然省掉了不少中間環節，但價格並沒有想像中的那麼便宜，不過它的質量倒是可以保證。另外，最重要的是一般在酒莊（尤其是外國酒莊，中國的一些酒莊還沒有這種氛圍）可以

先品嘗酒，再決定購買哪一款，所以買下來之後絕對不會後悔。只是，在外國酒莊購買酒帶回國，在海關那裏是有一定數量限制的，無法購買太多。

酒展淘酒

畢竟多數人出國的機會還是有限的，而且即便是出去了，也不會有機會去太多個酒莊，在中國的朋友們如果想體會外國葡萄酒酒莊先嘗後買，想淘到又便宜又好喝的酒，那就千萬不要錯過葡萄酒酒展。

展會信息二維碼

每一年在成都、北京、上海、廣州、香港等都會定期舉辦各種葡萄酒展，有中國代理商招商的，有外國葡萄酒協會過來宣傳的，也有外國酒莊直接過來參展發展中國市場的。

在葡萄酒展上，酒商們會全面地展示他們葡萄酒的資料以及葡萄酒文化，並且所有的酒都可以品嘗。有些酒展是免費的，也有一些對於葡萄酒業外人士收費，但是費用都很低，一般還不到一瓶酒的價錢就可以進去品嘗上千款酒。

酒展一般為期三到四天，最後一天對非專業人士開放，不管你是不是業內人士都可以進去大飽口福。當然最後一天也是酒商們大力度促銷賣酒的一天，因為他們近則跨了幾個省，遠

酒展淘酒

則跨了幾個國家幾個大洋把酒搬到這裏，是絕對不願意把酒再背回去的，他們寧願當場送給消費者讓大家品嘗。所以這一天絕對是淘酒的最佳日期，運氣好的話還會免費得到酒商們送的酒，一般「老外」會比中國人大方一些，一方面是因為酒的成本對於他們來說相對低，另一方面，他們跨國運酒很不方便，所以寧願送人也不願拿走。總而言之大家千萬不要錯過這樣的好機會。

至於從哪裏可以得到這些酒展的信息，可以登錄葡萄酒資訊網，也可以掃第 208 頁的二維碼，在資訊中心展會信息中可以查到各個酒展的信息和報名方式。

葡萄酒拍賣行

這也是一種買葡萄酒的方式。如果資金足夠雄厚，拍賣葡萄酒離我們其實並不遙遠，自從香港對葡萄酒免稅之後，它便成了世界葡萄酒拍賣最重要的城市之一。在拍賣行拍賣的葡萄酒多是法國列級酒莊以及由名貴產地和酒莊出產的葡萄酒，多是以投資、收藏和炫耀為主要目的的葡萄酒款。參加葡萄酒拍賣會的好處是諸多高級頂級的葡萄酒雲集於此，也許真的可以在這裏找到你夢寐以求的那一款葡萄酒。香港比較有名的葡萄酒拍賣行有佳士得、蘇富比等。

餐廳與酒吧

除了把葡萄酒買回來，還有可以即時消費喝酒的地方，就是酒吧和餐廳，只是在這樣的地方想要品嘗到物美價廉的酒幾乎是不可能的，因為在那裏，消費的不僅僅是酒本身，還有服務和氛圍。不過，也不是完全沒有機會享用到比較實惠的價格。

很多人不願意買一瓶葡萄酒回家喝，因為覺得開了浪費，喝不完也不好儲存，而在酒吧和餐廳可以選擇他們的「杯賣酒」，就是以杯為單位消費的葡萄酒，一般一個餐廳的杯賣酒都是這個餐廳的主打酒、主推酒或是與其有緊密合作酒商的酒。很多消費者不願意選擇杯賣酒或者餐廳推薦、主廚推薦的酒，覺得

他們強烈推薦的一定是賣得貴的、提成高的，有一種上當的感覺。其實大可不必有這種想法，一般杯賣酒和餐廳推薦酒的價格還是相對比較優惠的。在一些比較高檔的餐廳裏，主廚選擇的推薦酒也必定是要符合餐廳和菜式風格的，不然會有失他們餐廳的水準。

除了餐廳，酒吧也是大家最常消費酒的地方，以啤酒、雞尾酒較為常見。其實在酒吧來一杯清爽的起泡酒或者白葡萄酒也是不錯的選擇，價格不會太高，酒精度數也不會太高。現在是有一些專門以葡萄酒為主題的紅酒吧，就是為客人提供杯賣的葡萄酒，讓那些想品嘗又不願意買一整瓶回家的人可以來此品嘗不同的葡萄酒。這樣的專業紅酒吧也不失為一個品嘗葡萄酒的好選擇，晚飯後去個紅酒吧，品品酒、聊聊天、聽聽音樂、看看風景，也不失為一種健康時尚的生活方式。在紅酒吧裏，不僅能夠得到專業的葡萄酒服務、感受葡萄酒文化，而且杯賣酒的價格也比較划算，又免得在家裏為了一瓶葡萄酒準備開酒器、醒酒器、酒杯、酒塞、酒櫃這些東西了。

綜上所述，如果你是偶爾買回家自己喝，可以選擇葡萄酒展會、葡萄酒網店購買。如果經常喝酒，可以選擇葡萄酒經銷商、代理商購買。如果要買酒送禮，可以選擇超市、葡萄酒專賣店或是葡萄酒網店購買禮品套裝。如果你不想在家準備酒具，可以選擇紅酒吧、餐廳購買葡萄酒。

▶━┥ 葡萄酒選購指南

瞭解了葡萄酒，瞭解了葡萄酒的價格成分，瞭解了不同情況可以去哪裏購買葡萄酒，那麼在購買葡萄酒的時候究竟該買甚麼葡萄酒呢？究竟應該如何去選擇葡萄酒呢？

在購買葡萄酒的時候，每個人都有自己最看重的因素。比如價格、國家、產區、酒莊、品牌、口感、品種、年份等都是你認為重要的因素。可是這麼多因素中，哪一個對你來說最重要，你會首先確定下來哪一個，就只有你自己知道了。這沒有

統一答案，無論首先考慮哪個因素都是正確的。

　　以我自己為例，當我在一個展會上選酒，第一個考慮的是酒的口感，但在潛意識中我不得不承認，在上千款酒面前，決定嘗試哪款酒時，一定會因為酒標的樣式而左右我的選擇。雖然我心裏非常清楚酒標的樣子與酒的口感沒有半點關係，但是在選擇的時候還是一定會被華麗、奇特、高級的酒標所迷惑。除了酒標之外，我還會受到另一個潛意識的控制，就是「品種」，雖然我沒有特別偏愛的品種，但還是有一些沒感覺或者不喜歡的品種，這種葡萄釀的酒我品嘗的概率就會大大減少。一般品嘗過後，如果覺得口感非常不錯，我會有個心理價位，然後會諮詢它的真實價格，那麼「價格」就是我第二考慮的因素，如果價格高於預期，就會接着去嘗試下一款；如果價格與預期差太多，那則開始考慮要不要購買。國家、產區、年份等對我的影響不大，除非就是衝着某個國家產區或者某種酒去選擇的，比如想買一瓶澳洲巴羅薩谷的設拉子，我會考慮，是不是老藤？用了多久的橡木桶？甚麼年份？甚麼價位？當然，這是在為自己日常飲酒所需要的酒來挑選。如果不是為了自己日常飲用的，而是出於別的原因，那麼考慮的因素也會完全不同。

　　除了買回家自己喝，當然還有很多種其他情況會用到葡萄酒，比如說派對聚會、生日聚會、貴賓宴請、浪漫約會、商務洽談、結婚紀念、禮節拜訪、婚禮慶典、攜酒做客、答謝客戶、送長輩或上司禮品等，不同的情況重點考慮的因素都會所有不同。

葡萄酒導購圖

　　下頁的導購圖從為自己選酒，還是在為別人選酒開始。基本上囊括了需葡萄酒的各種情況，但是在 20 種選擇中居然沒有一個是澳洲的葡萄酒，這讓我很是失望，雖然，圖中的黑比諾、莎當妮、美樂這些都可以是來自澳洲的酒款。而法國葡萄酒覺得有點多了，所以我想編寫這個導購圖的人應該是一個法國人吧。其實有些法國酒也可以換成一些來自意大利或者羅馬

尼亞的酒，同樣也會是非常不錯的選擇。

　　還有一點，這個導購圖是外國人編寫的，所以多少還是有些不符合中國國情，比如其中兩個選項「你要送禮物的人，他們是葡萄酒愛好者嗎」、「你要送禮物的人他們是你在這個世界上最喜歡的人嗎？」這兩個選項，如果是 No 的話，對應的結果都是「他們不配擁有你的酒，不用再看這個表格了」。而其實在中國有很多時候大家買酒，都是給上司、客戶、長輩購買的，基本都不是愛好者，也基本都不是你最喜歡的人，可是，很多時候我們都是因這些原因購買選擇的。還有表中問道，你是想買「新世界」還是「舊世界」的葡萄酒時，如果你選擇「甚麼意思」，他便乾脆不再為你服務了——多謝，請您另行諮詢！可見，對於連「新、舊世界」都不懂的人，在他那裏是要遭到多大的鄙視，可是現今的中國，不知道「新、舊世界」也是很正常的。如果這樣就不為人家服務了，那早就關門大吉了。

　　此外，還有一種中國式的選擇這裏面沒有包括，那就是「牌子」，中國人對於「品牌」這東西的痴迷程度不是一般的高，蘋果也好，拉菲也好，奔富也好，在任何一個國家都見不到在中國被瘋搶的這種場面。想必大家都瞭解蘋果手機的熱銷程度了，其實，那些知名品牌、知名系列的葡萄酒在中國熱銷的程度，被「山寨」的規模，一點都不亞於蘋果手機。很可惜在這張導購圖中也沒有任何體現，不過，如果你買回來就是為了充面子不打算喝的話，那你買拉菲吧；如果你是打算自己喝的又非要牌子的，那建議你買奔富吧。

　　不過，在現實生活中，被最常問到的有關選酒的問題（幾乎 99% 概率），是應該喝甚麼牌子的酒。品牌這個事物在消費者心中有着很重要的地位。很多人認為品牌就是品質的象徵和保證，也有很多人認為選擇頂級名牌葡萄酒用於請客送禮，也是面子的需要。但作為品酒師，這卻是我最難回答的問題，葡萄酒的知名品牌確實有不少，但品牌並不能與品質完全畫等號，因為很多品牌都有各種不同檔次系列酒款。另外，葡萄酒的魅力也在於品種產區的多樣性，實在沒必要守着幾個品牌天天喝，

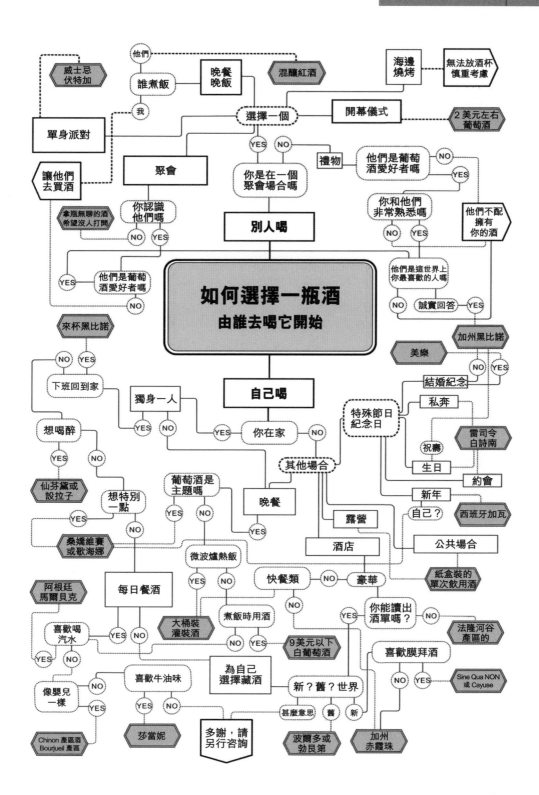

那真的是會錯過太多美酒了。我一向是主張大家多嘗試，多去參加一些品酒會，或者朋友們私下組織一些品酒聚會。品牌並不重要，重要的是在可靠的渠道買得到，更重要的是你自己是真的喜歡喝。很多知名品牌酒（比如奔富），雖然名氣很大，酒也不錯，但是假的太多又很難區分，就連專業人士都會不小心買到假酒，其實得不償失。只有多嘗試之後，你瞭解了自己的口感，知道自己是更喜歡輕盈的？還是濃郁的？更喜歡乾型的？還是甜型的？更喜歡果香的？還是橡木風味的之後，選擇適合你口感的品種、產區和釀造方式的葡萄酒就好了，而這些信息並不難獲得，酒款的介紹上都會寫得很詳細，有些酒甚至中文背標上都會寫出來。

第三節

葡萄酒是否真的很「暴利」

　　每一次電視或者網絡上傳葡萄酒是一個暴利行業的時候，我真替做葡萄酒的人大呼委屈，越來越多的人和企業誤認為葡萄酒是一個暴利行業，都紛紛投入到進口葡萄酒或者葡萄酒專賣的大軍中，數據顯示 50% 以上的葡萄酒企業的生命在 3 年以內，這是多麼讓人不可思議的一個數字，有電視節目中還曾播放某人因為做葡萄酒生意兩年賺了多少多少錢的訪問和介紹，業內的人士簡直太明白是怎麼回事了，但是如果讓外行人看起來，真的會以為葡萄酒是個可以讓你發家致富的行業，怪不得每年都有各種行業巨頭涌入到葡萄酒的行業中。但我相信進來之後就會發現，葡萄酒其實並不是「暴利」行業，除非，你做的是假酒。

　　説實話可能會讓人驚訝，但卻是事實，賣葡萄酒還不如擺地攤的利潤大，而且差遠了。我們經常看到的那些地攤貨也許只是幾元錢進貨的，但是卻可以在街面上大搖大擺地賣到幾十元甚至更多，還會讓購買者覺得好便宜啊，像是佔了多大便宜一樣。

　　前文介紹過葡萄酒的價格因素，你會明白一瓶葡萄酒到你手上的價格都包含了哪些。另外，葡萄

酒和其他商品不一樣，他不像蘋果手機一樣，消費者多我多生產就行了，也不像橘子、香蕉、蘋果，這片果園地方不夠我另外再找一片就是了。世界上可以種植釀酒葡萄的地方並不多，而且每年收成是多少，就只能釀造多少，再想多要也沒有了，所以葡萄酒的價格都是很實在的。若有那種暴利現象，就如前文所說，是一些面對終端市場的商家因為信息不對稱，將 50 元進貨價的酒賣到 500 元。所以，如果不是惡意的暴利，葡萄酒根本就不屬暴利行業。

其實目前中國的進口葡萄酒龍頭企業年盈利都達不到 10 個億。所以除了長城、張裕這兩個國產大品牌，幾乎看不到其他葡萄酒的廣告上電視。但如果大家注意一下的話，白酒的廣告可就非常多了。每年的廣告標王，都能達到上億甚至幾億元，不能說這些能買得起廣告的就是暴利行業，但至少投得起廣告的，都比葡萄酒盈利多。

我們的市場缺甚麼

 **缺認同**

　　這裏我沒有說缺推廣，缺普及，缺知識，是因為我感覺從本質上來講，並不是缺少，而是大部分消費者自己覺得不需要，不想去瞭解葡萄酒或者更深入地掌握葡萄酒相關的知識。而葡萄酒產品因為信息嚴重不對稱，導致了市場上會魚目混珠進來很多假酒，或者以次充好的葡萄酒。

　　總結發現，大家對葡萄酒認同感較低最主要的原因有兩點，第一是因為葡萄酒一直是一種舶來品的形象，展現在消費者面前的酒標又是千變萬化的，外加一些自詡品酒師的人很容易把葡萄酒和喝葡萄酒描述成一種比較複雜的事物和事情，這種感覺就好像平常百姓逛街，路過一家看起來金碧輝煌奢侈豪華的店鋪，裏邊所有事物看起來莊重而尊貴，並且看不見任何客戶，這種時候，就算路過的人對這家店很好奇，但也只會在門外張望一下，並不踏入。

　　有的時候，葡萄酒文化，品酒，就會被一些人宣傳成這個樣子，正常的品酒會被塑造成應該怎樣怎樣去品，正常喝酒，會被批評道應該選甚麼甚麼酒去喝。甚至之前我組織酒會，會遇到很多非常感興趣，但最終卻沒有來參加的朋友，後來問其原因，竟然是不敢來參加酒會，怕自己甚麼都不懂被笑話，不知道穿甚麼衣服，不知道葡萄酒的相關禮儀。他們被灌輸了葡萄酒是個很難學會，很難靠近的事物或者文化，自覺高攀不起的愛好者們多數便會選擇放棄。因為他們覺得瞭

解葡萄酒，學會品酒是一件很難，很神奇的事情，我曾經經常在酒會上告訴大家，在座的任何一個人，只要經過很短時間並且很簡單的訓練，就可以掌握如何品嘗一口酒，就知道這酒應該值多少錢，而所有人都覺得不可能，不可思議，因為他們已經先入為主了一個思維就是：這個東西很難！從而導致了他們想要深入瞭解的興趣和積極性受到影響。

第二個理由就是很多消費群體，其實消費的並不是葡萄酒本身，對於這部分群體來説，葡萄酒就是個媒介，他們在一頓酒局，或者在參加一次酒會的時候，關注的不是葡萄酒本身，而是可以通過喝酒認識那些人，辦成那些事，達成那些自己想要達成的目的，甚至只會單純地關注氣氛好不好，而對於葡萄酒本身好不好喝，價格多少，是真是假，並不關心。因為無論是真是假或者是葡萄酒還是白酒，他們的關注點，並不在這個上面，葡萄酒對於他們來説，就是一個媒介，他們覺得沒有必要去瞭解和掌握葡萄酒知識，也一樣可以通過酒會或通過一次飯局，達到他們的目的。

所以，一個是不敢去瞭解，一個是不想去瞭解，都會是導致葡萄酒和葡萄酒文化被這部分人拒之門外的原因，不過我相信，隨着葡萄酒文化的越來越廣泛的普及，還是會有越來越多的人接受和願意來瞭解葡萄酒和葡萄酒文化的。而當大部分消費者都更瞭解葡萄酒之後，相信會逐漸肅清市場上以假亂真和以次充好的葡萄酒。

缺時間

我不想説是缺文化，雖然很多人會説我們中國還沒有葡萄酒文化。其實，哪個國家一開始都不能説成立那天就有了葡萄酒文化，在不久之前，「香檳」這個名字外國也是到處亂用的。中國雖然一

直有葡萄酒的存在，但卻沒有形成文化，現在葡萄酒在中國雖然算是過了初始階段，進入到了上升階段，但距離成熟還有很長的路要走。文化是在這條路上點滴的收穫和積累，中國不是沒有酒文化，中國一直都有自己的酒文化，但那是白酒文化，不是葡萄酒文化。所以相對於其他國家來説，葡萄酒文化在中國生長就不會是一件太容易的事情。

這就好比説一對要退休的富商，如果他們自己沒有兒子，那生活中有了一個乾兒子，這個乾兒子只要表現良好就可以順理成章地繼承他們的產業，但是如果這個富商有自己的親生兒子，那麼這個外來的乾兒子可能就不那麼容易在這個家庭裏混了，就算最後能得到產業，也必定遠不如親生兒子得到的多，何況這還是親生兒子表現非常不好的情況下。現如今白酒企業在中國依舊表現良好，感覺到了葡萄酒帶給他們的壓力，開始更大力度的廣告宣傳或者乾脆涉足葡萄酒產業。雖然目前塑化劑的報導和有關公款招待限制的要求給了白酒企業一定的打擊，但從根本上來看並沒有撼動白酒在中國酒業中的地位。所以，在親生兒子面前，乾兒子的成長只能是慢慢來。

葡萄酒文化可以規避很多目前制度上無法做到的事情，比如説酒的價格，如果每一個人都或多或少的懂得葡萄酒（這不難，這種文化不是學出來的，是喝出來的，喝的多了自然就懂了），酒一入口就能分辨出酒的品質，並且判斷出酒的價格（這也不難，同樣是喝的多了自然就判斷出來了）。那麼，再怎麼奸猾的酒商也無法在銷售端任意加價，因為只要品嘗過一次，大家就都知道價格了。於是價格會跟着酒的品質、口感走，就不會跟着酒商的主觀意願走了。

葡萄酒文化也可以避免很多不健康飲酒的方式，比如説勸酒，比如説「乾杯」。葡萄酒文化是慢飲酒、品嘗酒、享受酒，也是品嘗生活、享受生活的文化，可以把人們從乾杯買醉，帶入到另外一種高品質的生活方式中。大家明白過量飲酒傷身，讓對方用傷害自己的身體的方式來表達對你的感情，應該為此而感到羞愧（然而現在的人是為此感到自豪）。

缺營銷

我不想說是缺現金，我們只是缺少了很多給大家瞭解葡萄酒的機會。除了葡萄酒展會我們很少可以到哪個店面或者哪個酒莊、酒窖裏跟老闆品品酒，聊聊天。展會為大眾開門的大都只有一天。酒莊積極培養了很多經銷商、代理商，但是他們偏偏就沒有培養終端消費者。我們將所有手段都用在了如何「對付」經銷商、代理商身上，把他們一個個都「逼」成了葡萄酒專家。但是對於消費者，幾乎一無所知，大部分做葡萄酒生意的商家所使用的行銷方法也都只是「關係行銷」。

在中國酒莊是不願意開酒讓到訪的人品嘗的，代理商也不願意免費請消費者過來品嘗，經銷商就更不會給來店裏的人開瓶品嘗，而外國的酒莊在中國則只管跟代理商簽合同而不願意做市場投入，代理商只考慮能開發幾個經銷商，也不願意花錢為他人作嫁衣，經銷商也就更不會幫着做甚麼品牌宣傳了。最終導致現在中國的消費者想要瞭解葡萄酒文化只能自己花錢找地方學，但那得是骨灰級愛好商們則隔着上鎖的大門拼命地尋找着消費者，等待消費者敲門。

回想幾十午前法國白蘭地（XO）打算進入中國市場的時候，他們提前一年就開始在中國做各種各樣的廣告宣傳，產品還沒有進入中國，行銷費用就已經花了上億。所以 XO 也真真正正在中國紅火了好長一段時間，就算現在這個熱乎勁 也沒有完全消失。

目前中國大部分葡萄酒公司市場部的職能基本上屬於是銷售部門的「後勤保障部」，要政策出政策、要活動出活動、要培訓出培訓。市場部的很多工作都是在圍着銷售部門轉，這本也無可厚非，的確也是市場部應該做的，但市場部最應該做的卻被省略掉了，比如說市場調查、廣告宣傳、項目策劃等都沒有人在做，因為公司不需要市場部去做。我甚至聽到一些人乾脆認為市場部就是負責「省錢」的部門，歸根到底我們把消費者給忘了，把行銷的概念也給忘了。

葡萄酒的投資市場

　　由於葡萄酒市場的一度繁華，加之一些媒體對從事葡萄酒和投資葡萄酒利潤方面的報道，讓越來越多的人和企業開始涉足葡萄酒行業，進行葡萄酒投資。當然，也有相當一部分人是因為接觸到葡萄酒之後真的喜歡上了葡萄酒，而後開始研究葡萄酒，變成了離不開葡萄酒，最終轉行開始做起葡萄酒生意的。

　　有實力投資葡萄酒生意的人一般都是有一定市場資源、資產資源和社會資源的，葡萄酒的投資對於他們來說也算是比較低門檻的，所以他們可以很容易就進入葡萄酒這個圈子。現今在市場上，最常見的投資方式就是利用自己的人脈關係和社會資源，自己做代理商從外國進口葡萄酒。有些人利用自己的社會資源和人脈資源，開發了自己那個圈子的市場，做起量雖然不是很大但利潤很高的進口葡萄酒生意，有些人將自己在其他領域的成功經驗移植到葡萄酒生意上，有移植成功的，當然也有移植失敗的。

　　曾經很多人問我，投資葡萄酒應該怎樣去做？投資甚麼才能夠賺錢？我個人認為賺錢與虧錢，失敗與成功是由很多因素組成的，但「做甚麼」和「怎麼做」並不是最重要的因素，「誰去做」才是最重要的，選對了「誰去做」那麼「做甚麼」和「怎麼做」方可迎刃而解。失敗的原因有很多種，時機不佳、經濟危機、產品不夠好、市場沒做到位、銷售能力不足、團隊沒有經驗等都有可能，但歸根結底還是人員的問題。如同戰場一樣，在皇宮的軍師再足智多謀，如果出征的大將無能的話，這場戰爭還是注定要失敗，而選錯將士，也依舊是人為的決策。所以進入葡萄酒這個行業（或者是進入任何行業）找到有能力的人去管理，才是最重要的。

　　對於葡萄酒行業而言，投資的方式也不僅僅只有做代理商一種，還有很多其他的渠道和方式，比如說葡萄酒期酒、葡萄酒基金、酒莊、專賣店、酒吧等，這些都是在「利用」葡萄酒賺錢，都算是在投資葡萄酒。

　　當然，對於投資者來說最看重投資回報率和投資的風險。不同的投資形式，回報率和風險也都是不同的，但是，千百年來投資的規律在葡萄酒中也適用——有付出才有回報，高風險高回報。曾經的期酒出現過只漲不跌的情況，除了個別因為隨着陳年口感的改變而被羅伯特·帕克降分的葡萄酒之外，其他

葡萄酒幾乎是只漲不跌，曾經一度造成投資葡萄酒高回報零風險的假像。但真理不會改變，當 2009 年份的葡萄酒被捧上天，而之後兩年也都是好年份之後，形成的泡沫終於隨之破滅，一些曾經被追捧的葡萄酒價格迅速下滑。現在沒人敢說葡萄酒投資是沒有風險的了。但另外一些人則認為，與其他行業相比較而言，葡萄酒投資依舊算是比較低風險的投資項目。

▶──┤ 葡萄酒期酒

　　期酒的概念，前文已經提到過了。期酒投資是目前中國最常見的一種葡萄酒投資，第一是因為門檻較低，投不起拉菲、拉圖，也可以投一些三四級莊園的葡萄酒。並不是所有期酒，都那麼天價，買不起太多可以少買一些，資金的壓力就不會太大。第二，雖然期酒回報的周期較長，但是期酒投資並不佔用你太多時間，如果你要是投資酒莊、現酒或者酒吧之類的都需要佔用你很大一部分時間（甚至是你全部的時間），但是期酒投資從保存到運輸都由酒莊和供應商安排，你可以繼續你的事業或者工作，不會有任何影響。第三，現在期酒投資的市場操作已經很成熟，風險相對較低，對於一些愛酒人士來說，購買的

好酒即便將來沒有渠道賣掉，自己把它喝掉也是非常值得的，因為你可能喝掉的是一瓶價值 5,000 元的酒，而你卻只用 2,500 元就買到了。

網絡上有這樣一組誘人的數據：「投資法國波爾多地區的 10 種葡萄酒，3 年的回報率為 150%，5 年的回報率為 350%，10 年回報率為 500%，而 1982 年份的拉菲更是創下了 10 年漲幅約 850% 的紀錄，同一時期黃金價格的漲幅僅有 4 倍」。

看完這組數據大部分人會躍躍欲試，但是，它並沒有寫明是哪 10 種葡萄酒，事實上也並不是所有波爾多期酒在過去的 10 年中都是這個回報率。另外，在計算成本的時候也不能只計算你購買期酒所投入的費用，還要加入很多其他成本，比如存放、保險、匯率、運輸和破損的風險等，最後還要考慮你是否有渠道把它銷售出去。如果你不是愛酒之人，如果你不懂得品鑒葡萄酒，如果你只把葡萄酒投資當作是賺錢的工具，那麼你一定要有銷售的渠道，不然，再好的酒存放在你家中也毫無意義。

葡萄酒基金

葡萄酒基金與期酒比起來還頗為少見，尤其是在中國很多人還不知道有葡萄酒基金這種投資的。葡萄酒基金在歐美比較流行，在中國香港也可以操作，不過在內地只是剛剛起步，僅有一些葡萄酒巨頭，如中糧集團和張裕，會涉及葡萄酒基金的項目，但也只是針對小眾人群開放。我對金融不甚瞭解，只知道這種投資風險較大，涉及金融方面需要考慮的問題較多，包括繳納手續費以及匯率等原因。

葡萄酒酒莊

投資酒莊，可以是購買已經運營的酒莊，也可以是自己建造酒莊，但是無論哪一種皆是過億元的投資。尤其是建造酒莊，葡萄要種植差不多 5 年後才可以釀酒，30 年後才開始產出高質量釀酒葡萄，這絕對是一個漫長的回報過程。所以與在中國建

造酒莊的人相比，在外國購買酒莊的人更多，比如說大家都知道的趙薇。當然除趙薇之外，還有很多演藝圈的藝人也都擁有自己的酒莊。而除開這些藝人不談，現在在法國、美國、澳洲收購酒莊的人中，中國人佔了很大一個份額，曾有一個加利福尼亞州的地產中介說，他們負責出售的一家加利福尼亞州酒莊，來詢問收購的人中有 20 多位都是中國人。我一個朋友，他留學去澳洲之後家裏便開始在當地投資酒莊，如今已經在澳洲兩個產區購買了三個酒莊，並且還在繼續與其他酒莊談論合作項目。

　　當然不僅是個人，很多大的企業、集團也都有收購酒莊的行為，其中不乏國際知名集團，比如法國最大保險公司安盛集團收購了二級莊碧尚男爵，香奈兒收購了波爾多卡農酒莊。就在 2015 年，美的也收購了法國一家酒莊正式進入了葡萄酒行業。路易·威登公司也收購了酒莊並釀造自己品牌的葡萄酒，更將自己做品牌的一系列攻略轉移到做葡萄酒中。

　　「我的祖先不僅喜歡飲用和收藏葡萄酒，還在閑暇時專程到訪自己中意的酒莊，討教葡萄酒文化，體驗釀酒過程。路易·威登領悟到釀酒如同做人，用執着、熱情、真誠才能釀出好的葡萄酒。家裏飲用的葡萄酒大多是路易·威登先生親自釀製。釀酒是路易·威登先生畢生的夢想」，這是路易·威登家族第五代傳人西維爾·路易·威登（Xavier-Louis Vuitton）先生在西維爾·路易·威登品牌葡萄酒發布會上說的一段話。

所以投資或建造酒莊的，依舊還是小眾人群，既然能夠這麼做了，必然也是有實力有耐心等待回報的企業或個人。在中國有很多個人投資建造酒莊，比如前文提到過的陳澤義老師的酒莊和耿式酒堡，當然中國集團和企業投資的酒莊也不在少數，最著名的就是中信集團和羅斯柴爾德家族企業在蓬萊投資建設的「中國拉菲」。愛酒人士誰沒有夢想過自己有一個酒莊呢，或者誰沒有幻想過自己能和一個酒莊莊主或莊主的孩子結婚呢。

葡萄酒現酒投資──代理商、酒窖、專賣店

　　期酒、基金和酒莊都是一種長線投資，投資的都不是現酒。如果想要短期獲得回報可以做現酒的投資，與其他商品一樣，低價買入，高價賣出，賺取利潤。可以做葡萄酒代理商、經銷商，也可以開一個酒窖，做一個葡萄酒專賣店。

　　做代理商，利潤空間不會太大，但可以發展二級、三級經銷商，屬薄利多銷型。相比較而言，自己做一個酒窖或者專賣店，量可能不會太大但是利潤相對高一些。做代理商還需要經常出差參加各個展會，為自己代理的酒發展經銷商。然而每一個代理商的產品是有限的，就算在中國的龍頭代理商 ASC 精品酒業也不過就 1500 多個品牌，而這已經是品牌最多的代理商了。剩下一些小代理公司，多則代理幾百款，少則十幾二十款酒而已。

　　代理商翻來覆去接觸的只能是公司代理的那些酒，對於有幾百萬個品牌的葡萄酒來說，實在是選擇性太少了些，無法滿足像我們這樣的人。對於想做代理商的人來說，除了最重要的選好運營人員外，還要選好品牌、酒款。畢竟產品才是一切營銷的核心，如果沒有差異化的受歡迎的產

品所有營銷都是事倍功半，而如果你有獨特的產品則可以事半功倍，這個差別是很大的。至於差異化，可以包括酒瓶的形狀、材質、酒標的設計、包裝、高性價比、有特殊含義、有機等。現在各個酒莊也都意識到了這一點，出現了各種各樣包裝、酒標的葡萄酒，甚至還有公牛形狀的、聖誕樹形狀等樣式的酒瓶、有的還改變了酒體的狀態，形成一種不透明的彩色混濁狀。這些改變，都是為了抓人眼球，畢竟差異化也是最有力的競爭力之一。

就我自己而言，如果有一定的客戶群或有一定的人脈關係，我會選擇做一個酒窖經銷商或者專賣店。如果做經銷商或者專賣店，我會從各個代理商手裏上萬種品牌進行選擇、調換。不過，做經銷商是一定要靠人脈的，如果沒有一定的客戶資源和人脈關係，那麼也請慎重考慮踏足這個領域。

除了做酒窖、專賣店之外，現在也有一批葡萄酒電商崛起（以也買酒為例），建造了葡萄酒網絡專賣店。葡萄酒電子商務，投入並不比普通經銷商專賣店少，相反投入會更多，他們的網絡購買系統、維護、倉儲、物流、人工等都會是一筆不小的投入，另外最重要的還有宣傳，專業的葡萄酒網購平台不做大量的廣告宣傳是不會有人知道你的。

▬▬┤ 葡萄酒會所

會所一直都是高級消費的場所，一般是會員制，僅為會員提供服務，不對外開放。這些會所不僅消費高級，進入的門檻也很高，並不是所有人申請就可以加入的，這種會所的會員不

僅需要繳納高昂的會費，有些會所還會對申請入會的會員進行非常高要求的審核。所以能夠入會的成員，不僅可以得到最高級、最私密的服務，同時，成為這種會所的會員也是一種社會地位和身份的象徵。葡萄酒作為一種象徵着高雅和品位的飲品，一直也都是會所的必需品。

隨着葡萄酒的日漸流行，中高級會所的不斷增加，以不同事物為主題的會所也日漸多了起來，現在很多老闆都建造了以葡萄酒為主題的會所。有些人可能難以理解以葡萄酒為主題的會所都能做些甚麼，似乎有些單調無聊。但事實並非如此，圍繞葡萄酒可以展開的事情有很多，除了單純的品酒、講座之外，葡萄酒還可以入菜，可以用來美容，做面膜、做 SPA。除此之外，會所還可以有葡萄酒投資、收藏、旅遊等諸多項目，從活動、到餐飲、養生、SPA、投資、旅遊，葡萄酒幾乎可以進入到一個高級會所的每個環節。只是，投資高級的葡萄酒會所與投資一個酒莊差不多，也需要很大的投入，高級的葡萄酒會所不僅需要在店內陳列如拉菲、拉圖、羅曼尼這樣的高級葡萄酒，各知名酒莊知名品牌的葡萄酒也必不能少，這樣才能與會所等級相匹配。

第六章

時尚的葡萄酒

　　很多人把葡萄酒定義為「高雅」,「有品位」或是一種「奢侈」飲品,我個人認為葡萄酒也是一種「時尚」飲品,在葡萄酒業內工作的人也可以說是在時尚界工作的人。「時尚」是一種生活方式,一種自我展示方式,一種風格,葡萄酒也是如此。葡萄酒並不一定是那麼「高雅」,它也可以很「時尚」地出現在我們的生活中。換一個角度來看,在各種時尚聚會、派對中,葡萄酒都是必不可少的元素,是時尚人群相互交流中必不可少的媒介,所以玩轉葡萄酒,感受葡萄酒的時尚生活,才能更好地理解葡萄酒,更好地享受生活中的葡萄酒。

葡萄酒生活

　　葡萄酒不是孤立的，它和我們生活中很多東西都有相通的地方，比如音樂、茶道，它也和很多我們愛好的東西有着相互的聯繫，比如漫畫、遊戲，它最常見的還是作為送給客戶或是親朋好友的禮品，它在我們的生活中扮演着各種角色，瞭解它在生活中可以扮演的角色，相信你會更加喜愛葡萄酒，你會發現，它就像是你生活中的一個親密無間的朋友。

葡萄酒與音樂

　　已經有很多新聞中報道過音樂有助於提升葡萄酒的口感，乍看起來好像很難理解，但是換一種說法，不同的品酒心情可以影響到酒的口感是不是會容易理解一些。在做正規的品酒筆記時，會要求品酒人記錄下是在甚麼時間，甚麼地點與甚麼人一起品嘗的這款酒，其實這也就間接證明了很多外在的環境會影響到人的心情，也會影響到品嘗葡萄酒時的感覺。這應該是已經被證實的事情，否則怎麼會有歐洲的葡萄園裏給葡萄放音樂的事情，在葡萄園、酒窖播放音樂，就像是一種胎教一樣的。

　　試想一下這樣的畫面，在一個高檔葡萄酒會所中的落地窗前，月光如注，美酒佳人，燭光閃爍，卻沒有音樂。或者另一種場景，歡聚的派對，人影交錯，燈紅酒綠，推杯換盞卻沒有音樂。無論是怎樣一種場景，只要缺少了音樂就會覺得不和諧，甚至是不舒服的，所以說音樂對於人的影響是不容小視的。人的感官是需要共同協作相互影響才能和諧的，視、嗅、觸、

品，自然也少不得聽，聽的感受也會影響到嗅覺、味覺，間接地影響到葡萄酒的口感。

　　曾經看到一篇文章，有大學的研究人員在一家高級餐廳進行實驗，第一天播放古典音樂，第二天播放流行音樂，第三天不播放音樂，結果顯示播放古典音樂的晚上大家會選擇比較昂貴的葡萄酒，而流行音樂和沒有音樂的晚上則較昂貴葡萄酒售賣效果不佳。人們在聽到古典音樂的時候會覺得身處在一種有文化、高級、貴族般的環境下，不自覺的就有了一種選擇昂貴消費品的傾向。雖然這種感覺來源於環境與音樂，屬短暫的衝動性選擇，但對於推銷葡萄酒的幫助還是蠻大的。

　　智利的蒙特斯（Montes）酒莊曾經贊助蘇格蘭愛丁堡的赫瑞瓦特（Heriot-Watt）大學的一個研究，針對葡萄酒的不同葡萄品種播放不同的音樂曲目，以找到最匹配的音樂。他們選用了來自蒙特斯酒莊的四個不同葡萄品種酒，分別為赤霞珠、美樂、西拉和霞多麗，而最後的實驗結果如下：

適合赤霞珠的音樂：《沿着瞭望塔》（All Along the watchtower），《酒館女人》（Honky Tonk Woman），《生死關頭》（Live and let die），《不會再上當》（Won't get fooled again）。

適合美樂的音樂：《坐在海灣的碼頭上》（Sitting on the dock of the bay），《簡單》（Easy），《飛躍彩虹》（Over the rainbow），《心跳》（Heartbeats）。

適合西拉的音樂：《今夜無人入睡》（Nessun Dorma），《奧里諾科河》（Orinoco Flow），《火之戰車》（Chariots of fire），《卡農》（Canon）。

適合霞多麗的音樂：《原子能》（Atomic），《愛和它有甚麼關係》（What's love got to do with it），《天旋地轉》（Spinning Around）。

　　就這樣羅列出來大家可能並沒有甚麼體會和感覺，也並不是很理解。因為研究的地點在外國，所以全部都是英文歌曲，我們並不是很熟悉，但是如果一首一首聽下來，會發現每一個品種的那些歌曲都有些相通的地方。比如說適合赤霞珠的音樂都有一種爵士的感

覺，而且歌詞還都挺「悲壯」的，可以想像出畫面是一個孤單的人在一個鄉村爵士酒吧中獨坐在角落裏，一邊聽着音樂一邊慢慢品嘗着葡萄酒。而赤霞珠的特點也恰恰非常適合這樣的情況，適合一個人的時間聽一點音樂，想一點過去的事。

配搭霞多麗的音樂則大不相同，不僅歌的曲調更歡快明朗了些，而且歌詞的含義也更歡快了一些，像是一群男女的聚會，穿梭在各種舞裙之間隨着輕快的節拍扭動，哪怕是陌生人也都會輕鬆愉悅地打招呼、談笑風生。

美樂的配搭音樂聽起來有一點類似赤霞珠的感覺，但總的來説沒有赤霞珠的音樂那麼鏗鏘，柔和了許多，這也與美樂的風格相似。好的美樂也很強烈，但是口感上比赤霞珠更溫柔一些，也少了那種特別惆悵的感覺，相比較獨自斟酌，美樂更適合與一幫親密無間的朋友坐在一起暢談，愉悅而溫馨。

配合西拉的音樂都是些很經典的著作，其中《卡農》（Canon）應該是大家很熟悉的，而《火之戰車》（Chariots of Fire）這首曲子也是電視上經常用作背景音樂的曲子，都是柔美中帶着一種高昂的氣勢，配搭西拉這種辛辣又有點霸氣的葡萄酒相得益彰。

在中國可能還沒有人去給這些葡萄酒配搭對應的音樂，也許是因為可配的很多，重點還要看大家各自的喜好，選擇自己喜歡的音樂，配搭自己喜愛的葡萄酒才能滿足自己的口味。如果讓我選擇一些中文歌曲來配的話，大概會做出如下選擇：赤霞珠我會選擇張學友的《一千個傷心的理由》，劉德華的《冰雨》，陳奕迅的《十年》，還有《見或不見》；美樂的話可以試試鳳凰傳奇的《荷塘月色》，王菲、陳奕迅的《因為愛情》，曲婉婷的《我的歌聲裏》，梁靜茹的《分手快樂》；霞多麗可以選擇蔡依林的《迷幻》，《日不落》，楊丞琳的《仰望》，李玟的《滴答滴》，林憶蓮的《鏗鏘玫瑰》；西拉可以配經典歌劇曲目，也可配一些中國流行的音樂，例如張傑的《Stand up》，劉惜君的《我很快樂》，宋祖英的《辣妹子》，王菲的《傳奇》，張學友的《吻別》等。

當然你也可以根據個人的喜好，為葡萄酒配搭適合自己的音樂。

葡萄酒與茶

在中國與西方葡萄酒文化相像的不是白酒文化，而是茶文化。茶文化在中國有着悠久的歷史，曾發現於《神農百草經》，在中國有記錄的葡萄酒的文獻中也同樣記錄着不少中國茶的文化、茶的歷史。但與葡萄酒不同的是，茶起源於中國也傳承了下來，變成了中國人日常生活中重要的一個組成部分，俗話説，開門七件事，柴米油鹽醬醋茶，可見飲茶在中國的普遍性和重要性。

葡萄酒與中國的茶不僅在本質上有驚人的相似之處，還在文化、種類和品鑒方式上都有類似的地方。

一直都説葡萄酒是天時地利人和的綜合產物，而葡萄酒的質量70% 來源於葡萄本身，葡萄的質量則絕大部分由天意決定。茶葉中質量基本看天意的，那恐怕就要説普洱茶了，無法左右出產質量這一點可以説是兩者最根本的相似之處了。

此外從文化上來説，葡萄酒文化和茶文化都屬飲食文化範圍，西方國家喝葡萄酒是他們的生活習慣，這種習慣就如同我們中國人喝茶。一般到了餐廳服務員會先問：「請問要甚麼茶水？菊花？普洱？鐵觀音？」餐具收費有的地方也被直接稱作「茶位費」，因為每桌客人到了餐廳都是先點茶。與中國的茶文化一樣，在西方很多餐廳，服務員會問客人要一杯甚麼開胃酒，Riesling or Rose（雷司令還是桃紅）？西餐一般都會以一杯乾白或者桃紅開始，或許當地人也根本沒有要葡萄酒配餐的打算，但是坐下來就要一杯雷司令或者一杯桃紅酒已經成為他們的習慣。就如同中國酒店中的茶，你真的打算要喝茶了嗎？沒有！沒有那壺茶行不行？行！但是因為這已經是我們生活中的一種習慣。那你懂不懂茶呢？懂的人絕對是少數！那些頓頓喝葡萄酒的外國人一定都懂酒嗎？同樣也不是。我們不懂茶但是喝茶，就如同他們不懂酒但是喝酒一樣。

在分類方法上，葡萄酒與茶也是非常相近的。葡萄酒的種類前文提到過有三種不同的分法，讓我們來看看茶葉是否也有着相同的種類類別。葡萄酒按照顏色分為三種「白葡萄酒、桃紅葡萄酒和紅葡萄酒」，而茶葉也可以按照顏色，分為綠色、黃色、紅色、褐色不同的顏色（中國的茶葉分類上，將其歸為六大類：綠茶、紅茶、

白茶、烏龍茶、黃茶、黑茶）。仔細來看綠茶的顏色接近於非常新鮮年輕的白葡萄酒的顏色，黃茶的顏色則類似於成熟白葡萄酒的顏色，紅茶的顏色則類似於桃紅葡萄酒和紅葡萄酒，連顏色都是那麼接近。

再從類型上來分，葡萄酒分為乾型葡萄酒、半乾型葡萄酒和甜型葡萄酒。而茶葉也分為不同的種類，比如全發酵茶、半發酵茶和不發酵茶。

從品鑒方式上來看葡萄酒和中國茶相似的地方就更多了，首先從用具上來看，品酒需要有很多酒具輔助，比如說醒酒器、酒杯、開酒刀、倒酒片、酒塞等。而品茶也有茶具，包括茶壺、茶杯、茶匙、茶漏等。與品酒一樣越講究的人這些東西越多，但是若沒有這些隨便拿個杯子也是照樣喝，跑去快餐店拿個紙杯喝葡萄酒的也大有人在。在品鑒的步驟上也是一樣的，品酒三步，看顏色、聞香氣、品口感回味；品茶也是如此，先要觀察顏色，再聞香氣，喝下後慢慢品味茶香的回味，整個過程都與品酒相同。在口感上雖然一個是酒精飲品一個是熱茶，但是它們都有一個物質——單寧。葡萄酒中含有來自葡萄皮和子的單寧，葡萄酒需要成熟而不粗糙的單寧帶給品嘗者一個平衡的口感，茶中也同樣含有單寧，同樣需要柔順的單寧。而葡萄酒高溫發酵或者浸漬時間過長後會出現過澀的單寧，茶葉在浸泡過久之後，也會出現苦澀的單寧，這兩種單寧都會影響到葡萄酒和茶在口中的口感。

　　另外從飲用的時間和溫度上來看它們也有着驚人的相似之處。不同的葡萄酒擁有不同的壽命，不同種類的葡萄酒保存的時間也是不同的，白葡萄酒適合年輕時（年份比較短時）飲用，而飽滿濃郁的紅葡萄酒則適合陳年時飲用。茶也是如此，有些類型的茶適合儘快飲用、有些類型的茶則適合陳放一段時間後再喝。從溫度上來看不同的葡萄酒需要不同的飲用溫度，白葡萄酒需要冰鎮或冷卻之後飲用，紅葡萄酒則在常溫的情況下飲用，而不同的茶葉對於沖泡的水溫也有不同的要求，有些茶葉適合用較開的水沖泡，有些茶葉則適合用溫水沖泡。並且葡萄酒與茶葉都需要在陰涼、通風、無異味的條件下儲存，並且都要在一定的溫度、濕度環境下存放。

　　茶文化與葡萄酒文化有如此多的相似之處，所以在接觸瞭解葡萄酒之後，品鑒葡萄酒也並不像大家想像中那麼難，葡萄酒雖然是舶來品，甚至曾經作為奢侈品出現在大家面前，但是葡萄酒的出現就是為了滿足人們日常生活所需，葡萄酒的釀造就是為了日常佐餐。

　　如今葡萄酒在中國越來越大眾化，也有越來越多價格低廉的葡萄酒出現在生活中，與茶葉一樣成為大眾消費品，只不過需要提醒大家的是，雖然葡萄酒與茶葉有如此多的相似之處，但葡萄酒終究還是含有酒精的飲品，是不適宜與茶葉同時飲用的，喝完酒也不可以用茶葉來解酒，這是不科學的，甚至是對身體有危害的。由於酒後不能開車，還是建議大家白天飲茶，晚上到家了或者不需要開車的時候再飲酒。

▶━┥ 葡萄酒小禮品

　　拜訪客戶、禮節禮品、生日祝壽等情況，用葡萄酒作為禮品一直是比較合適的，健康、體面、又顯得比較小資，尤其如果是帶去某個飯局，被送方還可能會當場打開了給大家一起品嘗，畢竟葡萄酒也是一個媒介，適合與大家分享。

　　給喜歡葡萄酒的人送禮，除了葡萄酒之外還可以送一些葡萄酒相關的物品，比如說一些酒具或者一些跟葡萄酒有關的東西，品酒筆記本，或包裝得像紅酒一樣的毛巾，抑或外形像冰酒一樣的雨傘，酒瓶形狀的燈都是不錯的選擇。

葡萄酒派對

　　喜歡葡萄酒的人一定會喜歡去各式各樣的品鑒會或晚宴等葡萄酒派對，也更會喜歡自己組織一場品酒會與朋友們一起分享美酒時光。我曾約一位喜歡葡萄酒的朋友來參加會所舉辦的酒會，她說非常感興趣，非常想要去參加但是卻有點緊張。我大為驚訝，按道理說參加酒會緊張的往往是我這個組織者、操辦者，怕酒出問題了、怕溫度不合適、怕到時候下雨、怕食物配錯、怕言語不當、怕來的人對活動不滿意等，從我的角度不知道多羨慕那些來的客人可以無憂無慮地品酒，還從未聽說有客人會緊張的，後來有機會接觸到更多的葡萄酒愛好者，發現其實有很多朋友不是不想去品酒會，而是因為從來沒去過，不知道品酒會是甚麼樣子的，不知道去了之後需要做一些甚麼，生怕自己會出醜，所以在這裏給大家介紹一些關於葡萄酒酒會的形式和可能會需要注意的一些地方。

　　酒會的形式有很多，很多時候大家參加的是公司或者某個協會組織的品酒會，那麼主題自然是宣傳該公司或者該協會的葡萄酒，但除此之外還有很多形式的品酒會，這裏給大家介紹 10 種比較常見的酒會。

酒會準備

▶━━┥ 十大主題品酒會

水平品酒會

　　水平品酒會是品嘗來自同一個年份但是不同酒莊的酒。水平品酒會的目的是讓大家對同一年份不同酒莊的葡萄酒進行對比，挑選哪個酒莊的哪一款酒表現得最為優秀。雖然這是最經典的品酒主題之一，但實際上大家有機會參加水平品酒會的機會並不多，原因在於目前在中國市場這種酒會的大部分組織者還是商家，但商家很少會組織這樣的品酒會，除非是特別想要推薦某一個酒莊的某款酒，而且十分確定在眾多的酒款中要推薦的那款酒會獲勝。

垂直品酒會

　　與水平品酒會相反，這是選擇同一個酒莊但是不同年份的葡萄酒進行品鑒。目的是讓大家全面的品位該酒莊出品的酒款，並進行不同年份的對比，讓大家瞭解年份對葡萄酒的重要性，體會年份帶給葡萄酒口感上的影響。相比水平品酒會，垂直品酒會相對要常見一些，尤其是一些高級的法國名莊酒，不同年份的酒在酒界的地位相差很多，彼此的價格也相差很多，垂直品酒會可以讓大家細細體會不同年份的差別之處，是一種非常奇妙的體驗。

品種品鑒會

　　品種品鑒會是選擇各種單一品種釀造的葡萄酒進行對比品鑒，目的是讓大家深入體會不同葡萄品種的香氣和口感風格，瞭解不同葡萄品種的巨大差異，體會和發現自己更喜愛的品種。剛接觸葡萄酒不久的朋友建議多參加以品種為主題的品鑒會，瞭解不同品種的特性。可以説這是走進葡萄酒世界，走進品酒世界的第一步，葡萄酒的一切神秘面紗從葡萄品種這裏向你揭開，只有首先揭開了品種這層面紗，才能開始逐漸清晰地挖掘葡萄酒更深的魅力。比較常見的紅葡萄品種有：赤霞珠、黑比諾、

美樂和西拉。白葡萄品種有：雷司令、長相思、霞多麗、維歐尼（很多酒會會用灰比諾，但是我個人喜歡將灰比諾替換為維歐尼，原因是維歐尼的品種特徵更加明顯，更容易讓品鑒者體會到不同葡萄品種的差異）。

產區品鑒會

產區品鑒會是以產區為主題進行葡萄酒的對比品鑒，可以分為同一個產區的不同葡萄酒品鑒和不同產區的同種葡萄酒對比品鑒兩種形式，無論是哪一種目的都在於讓大家體會到不同產區給葡萄酒帶來的不同風味。產區可以小到一個小村莊，也可以大到一個國家，品嘗來自同一個產區的葡萄酒也是為了深入瞭解這個產區葡萄酒的風格。大家參加產區品鑒會的機會較為多一點，比如酒商或者某個產區的葡萄酒協會經常會組織同一個國家的葡萄酒或同一個產區的葡萄酒品鑒會，讓大家全面瞭解該國家或產區的葡萄酒，比較常見的如隨時隨意波爾多、加利福尼亞州品鑒會、澳洲 A+ 葡萄酒品鑒會等。

品鑒會

彩虹式品鑒會

彩虹式品鑒會在中國也會時常見到，是品鑒來自一個酒莊出品的各種葡萄酒或來自同一個釀酒師釀造的不同葡萄酒，因為一個酒莊或者一個釀酒師出品的葡萄酒往往是從乾白到甜白到桃紅到紅葡萄酒各種顏色的，依次排開各種顏色就像是一道彩虹，所以也被稱之為彩虹式。在中國彩虹式品酒會多見於某個酒莊的品鑒會，多以酒配餐或晚宴的形式出現，目的是為了讓大家全面地瞭解該酒莊的各系列葡萄酒。而在外國有一些久負盛名

的釀酒師很受當地人的追捧，所以品嘗某個釀酒師釀造的葡萄酒的主題也很受歡迎。

計價品酒會

計價品酒會品鑒的葡萄酒都會在同一個價格區間（價格上下差別不會超過 10%），計價品酒會就是要將同一個價格的不同葡萄酒進行水平品鑒比較，以此挑出性價比較高的葡萄酒。這種類型的品酒會多以自帶酒的形式，大家各自帶一瓶酒來互相分享品嘗，舉辦者為了不會有失偏頗規定一個價格範圍，大家都挑選這個價格範圍中的葡萄酒。商家或者協會很少組織這一類型的品酒會。

盲品酒會

盲品應該是大家經常聽說的，一些人看到盲字會誤認為是要把眼睛蒙起來僅僅通過嗅覺和味覺來辨認葡萄酒。而事實上盲品一般是指將酒的資料掩蓋起來，不讓大家看到酒標和酒瓶上的其他信息，也不會告訴品酒者關於葡萄酒的任何信息（甚至包括價格），僅僅通過對葡萄酒進行的品嘗來判斷葡萄酒的品質甚至是來歷，盲品是一種比較高的品酒境界。在中國盲品酒會多半是為了進行葡萄酒的評選，比較正規的葡萄酒大賽中會將所有參賽的葡萄酒酒瓶用盲品專用的酒布袋或者用錫紙包好，在不知道酒的任何信息的情況下進行評比選出口感最好的葡萄酒。這種盲品比賽最出名的恐怕就是美國酒和法國酒在巴黎的那一場盲品比賽了，讓美國納帕葡萄酒大出風頭。不過現在中國一些所謂的盲品葡萄酒比賽其實水分很大，在此就不予評論了。

酒杯品鑒會

酒杯品鑒會中酒是配角，換杯子當主角。是將同一款酒換不同的杯子進行品鑒，是為了感受當杯子不同時酒的香氣和口感的變化，從而瞭解使用正確杯子的重要性。最專業的杯子不僅僅是根據葡萄酒的顏色而區分，而應是通過不同的葡萄品種

而區分，現在市場上能買到的杯子中，對應紅葡萄品種的有：波爾多杯、勃艮第杯、設拉子杯；對應白葡萄品種的有：雷司令杯、霞多麗杯。當然也有其他品種的杯子，不過平時品鑒的話有波爾多、勃艮第、雷司令和霞多麗杯子就夠用了，市面上有關杯子的品鑒會也大都是這四款杯型進行品鑒，如果有機會參加酒杯品鑒會的話，可以同時嘗試一下將酒倒入紙杯、塑膠杯和普通水杯中進行比較，你會驚訝酒在香氣與口感上的變化，這會是一次很不錯的體驗。

酒配餐品鑒會

酒配餐主角還是葡萄酒，但是會配搭不同的食物，從而通過親身體驗美酒與美食配搭的妙處，找出不同的葡萄酒適合配搭的食物。以配餐為主題的品酒會在中國市場有許多，很多酒會就算不是以配餐為主題，也都會配搭小食供參會者品嘗，大家可以在品嘗小食的同時喝一口葡萄酒，感受一下酒與小食配搭時在嘴中的感覺。葡萄酒是最佳的佐餐酒，就是為了配餐而生的，體驗酒與不同餐點的配搭非常有助於瞭解葡萄酒。

葡萄酒晚宴

葡萄酒晚宴也是以葡萄酒為主題，不同的酒配搭不同的菜餚。葡萄酒晚宴多屬比較高級的一種品酒形式，菜餚多以西餐的菜式為主，所以從餐前開胃菜開始，每一道菜都會配搭不同的葡萄酒，從開胃酒、清爽乾白、橡木風格乾白、柔順乾紅、濃郁乾紅、到最後甜點時配的甜酒。葡萄酒晚宴可以把各種不同風格的葡萄酒都品嘗到，同時也可以體會各種不同葡萄酒與不同美食的配搭。在中國這樣的葡萄酒晚宴也有很多，一些代理商、酒商或者高級會所都會定期舉辦這種高級的葡萄酒晚宴，只不過可能費用要高一些。

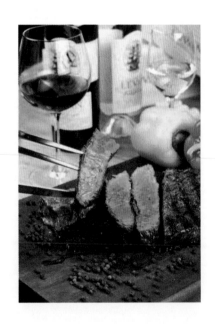

除了以上十大品酒會還有一種比較常見形式，一群認識的葡萄酒愛好者之間可以定期組織自帶酒品鑒會，這種品酒會在葡萄酒愛好者之間比較流行。大家都是喜歡葡萄酒的朋友，都喜歡去嘗試更多的葡萄酒，不過畢竟資金有限，加上一瓶酒一個人一次喝不完，不如大家聚在一起，五六個至十幾個人，每人帶一瓶酒互相品嘗，相當於是花了一瓶酒的價錢品嘗了十幾款葡萄酒，還可以和朋友們聚會交流，是一個非常愉快的享受過程。這種自帶酒品酒會也可以採用上面的任何一種主題，給大家帶的酒定一個範圍，這樣既添加了樂趣又不會因為酒的情況相差太多而有失偏頗。

▶━┥ 參加酒會十大注意事項

去參加一個品酒會，需要注意哪些事情呢？很多朋友都有擔心，怕做錯一些事情，怕被懂酒的人笑話。首先，在中國說的上真正懂酒的人其實真的不多，不是說去了酒會就代表是懂酒的，雖然說去酒會的人多半是因為喜歡葡萄酒，但喜歡不代表就是懂，甚至有些酒會主辦方的人都不見得有多懂，所以大可不必有那麼大的心理壓力。其實，真正緊張的是主辦方，你要去做的只是娛樂、品酒、交朋友、享受這個過程就好。如果非要說，那只需要注意以下十個問題就可以了。

着裝，選擇正裝和顏色較深的衣服

一般品酒會不會有特別的衣著要求，有一些品酒會因為場地和酒會的氣氛會特別標註來賓需着正裝出席。所謂正裝，男士大體就是西服、襯衫，可以是休閑款式的，最好不要穿職業正裝或牛仔之類的休閑裝。女士可以穿晚禮服，但不需太誇張，畢竟不是去走紅毯。另外，在葡萄酒酒會上最好選擇顏色較深的禮服，這樣如果萬一酒或者食物掉落在衣服上也不會看起來

太明顯，事後也不太難清洗。白色的衣服沾上了紅酒之後，如不及時清洗，紅酒漬會很難洗掉，所以儘量選擇深色的衣服。

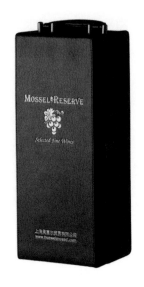

妝容，不要化過於濃艷的妝

品酒會一般需要吃吃喝喝的，過於濃的妝，尤其在嘴唇上，一層護唇膏，一層口紅一層唇彩的，不僅吃食物的時候會將這些化學物質帶入體內有害健康，喝酒的時候更會在酒杯上留下口紅印，不僅難清洗，也是很不禮貌的行為。如果你是一個不化妝就不能出門的人，那麼請至少不要化濃唇妝。

香水，無論男士女士都不可以噴香水

這或許是與其他宴會最不一樣的地方，在葡萄酒品鑒的過程中不可缺少聞酒的香氣這一步驟，如果噴了香水不僅會讓自己無法聞到葡萄酒真正的香氣，同時也會影響到身邊的人。一些香水，走出十米之後還可以聞到香味，這樣的香水會嚴重地影響到其他人品鑒葡萄酒，這也屬非常不禮貌的行為。

握手，勿用濕冷或剛剛觸碰過食物的手與人握手

酒會其實是一個社交平台，很多人來酒會除了品酒之外更想多認識一些朋友，新結識的朋友見面握手是很尋常的禮節，但酒會上的一些雞尾酒或者白葡萄酒通常是冰鎮過的，杯壁上會有濕冷的水珠掛在上面。另外酒會上也通常會有一些配搭的水果、餅乾或者蛋糕之類食品，都是可以用手拿着吃的，所以這些時候一定要注意，不要用濕冷或者剛剛觸碰過食物的手與人握手，通常人的習慣是右手握手，所以儘量用左手拿杯子和食物。

目光，不要在交談時東張西望

　　有些時候，或許你在等待朋友，或許是看到了更重要的人，會造成與人交談的時候不自覺地東張西望，像是怕錯過誰一樣，但這是很不禮貌的行為，會讓對方感覺你不是很尊重對方。所以交談時需要正面交談，如果需要走開可以直接說明，然後再離開，這也是很正常的事情，畢竟不可能一場酒會從頭到尾都是跟一個人交談。

取餐，不要霸佔餐點桌

　　酒會配搭的小食通常是分階段、分時間上的，多會在吃完後再進行補充。在酒會上經常會遇到一些人感覺就像是來專門吃東西的，一有餐點上來便撲上去一陣風捲殘雲，好像生怕別人搶走一樣。這也是非常不禮貌的行為，這種酒會的禮儀與自助餐差不多，少拿多次，拿完就離開，不要霸佔着餐點桌不走。

聆聽，主人講話時不要與他人聊天

　　一般酒會上都會有主持人開場、一些嘉賓講話或者一些品酒師講解的環節，在這個時候無論對方講的內容對於你來說有沒有用，出於禮貌和尊重都不要在人家講話的時候與其他人聊天。我曾經參加過一場酒會，一位來自外國的酒莊大使正在做介紹，可能是因為說英文有的人聽不太懂，下面距離大使不到 5 米的一桌人已經開始站起來敬酒了，而且聲音還非常大，這是非常不尊重人的行為。如果酒會中有必須要接打的電話，可以出去再接，切勿在有人講解的時候，與他人大聲聊天。

交談，切勿大聲喧嘩，儘量不要乾杯

就算沒有人講話了，在酒會這種場合也是不可以大聲喧嘩的。葡萄酒會中儘量不要總是見了面就與人家乾杯，葡萄酒是需要細細品鑒的，尤其在品酒會中，很多人並不想乾杯，只想慢慢喝，多嘗試幾款。況且乾杯時往往情緒都處於比較激動的狀態，容易讓人説話音量增大，動作幅度變大，這都是不適合在酒會中出現的。

切勿抽煙

煙的味道會嚴重影響到酒的香氣，同時讓周圍的人吸二手煙也是非常不禮貌的行為，如果酒會沒有特別指定吸煙區的話，可以去室外或者無人活動的場地抽煙。假如一定要抽煙，也千萬不要將煙灰彈到地毯上，更不要用酒杯當作煙灰缸，需要時可以向服務員索要。

儘量不要開車

酒後駕駛、醉酒駕駛都是犯法的，同時也是非常危險的行為。為了可以盡情品嘗，沒有顧慮，所以參加酒會最好不要開車。一些高級級酒會的主辦方會安排有接送的服務，普通一些的酒會也會有酒會後代駕的服務。如果沒有代駕的話也可以坐其他交通工具回家，這樣既安全又快捷。

瞭解了這十點，就可以放心大膽地去參加酒會了。而對於不瞭解葡萄酒這一點其實完全不必放在心上，很多去酒會的人都是不瞭解葡萄酒的，這很正常。

第三節

你是葡萄酒達人嗎

買這本書的很多讀者朋友是不是想成為葡萄酒達人，作為葡萄酒達人還需要具備哪些特質？對照一下自己，如果你能同時滿足下面的三項，你就是比較專業的葡萄酒愛好者了，如果能滿足五項，你就能稱得上是葡萄酒達人！若你全部都做過，那你不僅僅是一位「骨灰級」葡萄酒愛好者，而且應該很有經濟實力！

▶━┥ 製作品酒日記

購買或者自己製作一本品酒日記本，隨身攜帶，將每一次在家中或者在外面品嘗的酒都記錄下來，這樣不僅有助於訓練品酒的能力，還可以記錄下自己品過的酒款，記錄下自己品酒的感受。這些品酒記錄可以成為寶貴的資料，如果每一次喝酒都是一喝而過，不知道自己喝的是甚麼，不去細細體會酒的口感，或者隨便找張紙記錄一下，無法收集到一起，恐怕日後回憶起都會覺得可惜！如果沒有那種專業的品酒日記本，買一個可以放在背包裏隨身攜帶的小本子，品酒時做一下記錄就夠用了！

專用品酒筆記本

收集酒標與酒塞

很多葡萄酒愛好者都喜歡收集酒標、酒塞，還有酒瓶錫蓋。有一位居住在雅典的女士已經收集了 16349 張不同的葡萄酒酒標，來自 50 多個不同國家的葡萄酒，並因此獲得吉尼斯世界紀錄。不過相對於酒塞和錫蓋，酒標還是不那麼容易收集的，因為市場上很難買到那種專用的酒標貼紙（可以輕易地將酒標黏下來收藏），所以只能用水泡酒瓶，將酒標泡下來，難倒是不難，只不過略有些麻煩而已，但相比較連酒瓶都要收藏的，只留下酒標算是方便多了。收藏

酒標貼

酒塞也是很多愛酒人的喜好，頂級葡萄酒的酒塞上都有酒莊的圖案或是文字，一些普通酒的酒塞上也會有類似的文樣，所以收集酒塞也就是知道自己都喝過哪些酒。但更多的時候酒塞被作為一種藝術品收集，收集的酒塞可以用來做出各種造型，作為家庭或者酒窖的裝飾地非常別致。還有很多人喜歡收藏葡萄酒酒瓶封瓶處的錫紙蓋，開瓶時將錫紙蓋完整的用刀割下，按平後收集在一起也是一個不錯的收藏。

學習葡萄酒用語

掌握一些與葡萄酒相關的用語，尤其是酒標用的英語，對瞭解葡萄酒有非常大的幫助和作用，瞭解學習葡萄酒用語，並不需要去上甚麼學習班或者培訓課程，上網用搜索引擎都可以查找到，甚至已經有了各種分類，比如意大利酒標常用單詞、西班牙酒標常用單詞、法國酒標常用單詞等，還有按照口感描述常用單詞、發酵釀造常用單詞、香氣描述常用單詞等都非常容易找到。這裏給大家總結了一小部分，可以用來瞭解酒標上的文字意義。

意大利葡萄酒酒標常見詞

意大利葡萄酒酒標

Denominazione di Origine Controllata（DOC.）：法定地區餐酒。

Denominazione di Origine Controllata e Garantita（DOCG）：保證法定地區餐酒。

Classico：表明是法定產區（DOC）的核心產區生產的葡萄酒，通常是來自最好產地的最高品質的葡萄酒。一般用在地名的後面，如 Chianti Classico DOCG。

Riserva：意思是在酒廠中經過了一定期限的陳年（分為橡木桶陳年和瓶儲陳年兩個階段），是符合當地法律規定的葡萄酒才可以使用的酒標詞匯。意大利人的葡萄酒如果標著 Riserva，就意味着已經成熟，不需要等待。

Imbottigliato nello stabilimento della ditta：葡萄酒公司釀製裝瓶的，而不是由葡萄園釀製裝瓶的。

法國葡萄酒酒標常見詞

法國葡萄酒酒標

Appellation ×××× Controlee：法定產區等級葡萄酒，簡稱 AOC。通常在 ×××× 加入被認定為 AOC 酒的地域名，例如 Appellation Bordeaux Controlee 指的就是波爾多的 AOC 酒。

Blanc：白葡萄酒。

Chateau：城堡酒莊。

Cave cooperative：合作酒廠。

Cru：葡萄園。Grand Cru Class 最優良的特等葡萄園中的「高級品」。Grand Cru：最優良的特等葡萄園。Premier Cru Classe 一級園。Cru Exceptional 特中級酒莊，Cru Bourgeois 中級酒莊。

Domaine：獨立酒莊。

Mis En Bouteille：裝瓶。

Negociant：葡萄酒中介商。

Proprietaire recoltant：自產葡萄、釀酒的葡萄農。

Premier cru：次於特等葡萄園但優於一般等級的葡萄園。

Sec：乾型葡萄酒，不含糖分。

Demi Sec：半乾型葡萄酒，含些微糖分。

Brut：極乾的香檳酒，不甜。

Doux：甜葡萄酒。

Rouge：紅葡萄酒。

Rose：桃紅酒。

VIN：葡萄酒。

VDQS：優良地區餐酒。

Vin de Pays：地區餐酒。

Vin de Table：日常餐酒。

西班牙葡萄酒酒標常見詞

Vino de Cosecha：年份酒，要求用 85% 以上該年份的葡萄釀造。

Joven：新酒，葡萄收穫來年春天上市的酒。

Vino de Crianza 或者 Crianza：這表明在葡萄收穫年份後的第三年才能夠上市的酒，需要最少 6 個月在小橡木桶內和兩個整年在瓶中陳年。在裏奧哈（Rioja）和鬥羅河谷（Ribera del Duero）地區則要求最少 1 年在橡木桶內和 1 年在瓶內的陳年時間。

西班牙葡萄酒酒標

Reserva：最少陳年 3 年的時間，其中最少要在小橡木桶內陳年 1 年。對於白葡萄酒來説要求最少陳年 2 年的時間，其中最少要在小橡木桶內陳年 6 個月。

Gran Reserva：需要得到當地政府的許可。要求最少陳年 5 年的時間，其中最少要在小橡木桶內陳年 2 年。白葡萄酒中 Gran Reserva 是極為罕見的，要求最少陳年 4 年的時間，其中最少要在小橡木桶內陳年 6 個月。

Vino de Mesa（VdM）：餐酒，相當於法國的 Vin de Table（日常餐酒）產地名稱。

Vino comarcal（VC）：地區級葡萄酒，相當於法國的 Vin de Pays（地區餐酒）。全西班牙共有 21 個大產區被官方定為 VC。酒標用 Vino Comarcal de+ 產地來標註。

Vino de la Tierra（VdlT）：西班牙葡萄酒，相當於法國的 VDQS（優良地區餐酒），酒標用 Vino de la Tierra（產地）來標註。

Denominaciones de Origen（DO）：高檔葡萄酒。相當於法國的 AOC（法定產區酒）。

Denominaciones de Origen Calificada（DOC）：高檔葡萄酒，類似於意大利的 DOCG（保證法定地區餐酒）。

德國葡萄酒酒標常見詞

德國葡萄酒酒標

Qualitatswein bestimmter Anbaugebiete（Q.b.A）：優質葡萄酒。

Qualitatswein mit Praikat（Q.m.P）：著名產地優質酒。

Landwein：地區鄉土葡萄酒，德國普通佐餐酒，等同於法國 VDP（地區餐酒）級別。

地名+er：表示的或來自的意思，例如 Kallstadter Saumagen 即表示，該酒產自位於 Kallstadter 村莊，名叫 Saumagen 的葡萄園。

Abfuler：裝瓶者。

Anreichern：增甜。

Erzeugerabfullung：釀酒者裝瓶。

Halbtrocken：微甜。

Herb：微酸。

Jahrgang：年份。

Jungwein：新酒。

Sekt：起泡酒。

Trocken：不甜。

Heuriger：當令酒，類似新酒。

Kabinet：一般葡萄酒。

Spatlese：晚摘葡萄酒。

Auslese：貴腐葡萄酒。

Beerenauslese：精選貴腐葡萄酒。

Trockenbeerenauslese：精選乾顆粒貴腐葡萄酒。

Eiswein：冰葡萄酒。

Qualitatswein：著名產地監製葡萄酒。

Tafelwein：日常餐酒，相當於法國的 VDT（日常餐酒）。

瀏覽專業葡萄酒網站

國際上有很多知名的葡萄酒專業網站，中國也有一些大型專業的葡萄酒網站，瀏覽這些葡萄酒網站，不僅可以全面瞭解葡萄酒的知識，也可以及時瞭解到中國外葡萄酒行業內的新聞信息。幾乎關於葡萄酒的一切信息，都可以在這些專業網站上尋找到。

中國葡萄酒資訊網（http://www.wines-info.com/），是中國目前做的最大、內容最豐富、最專業、最全面的葡萄酒網站，網站內容涵蓋了中國外新聞資訊、展會信息、酒會信息、葡萄酒業內招聘求職信息、葡萄酒公司資料庫、葡萄酒相關新聞視頻、紀錄片視頻、葡萄酒電視劇、影片、藏酒、酒評、葡萄酒網上商城、葡萄酒產區、品種介紹、葡萄酒業界人物專欄、葡萄酒俱樂部、葡萄酒博客、旅遊信息、侍酒師欄目、葡萄酒培訓、論壇等全方位的信息和內容。很多板塊都是目前在中國做的最大最全的，葡萄酒博客板塊也是非常紅火，很多業內名人都會不時地在這裏發表他們專業性的文章，很值得一看。

除了專業性葡萄酒網站之外，還可以瀏覽一些葡萄酒網絡商店的網站，比如也買酒（http://www.yesmywine.com），時常瀏覽葡萄酒網店可以瞭解一些葡萄酒品牌的市場價格，不是說一定要在網上買，但是至少在購買的時候可以有一個價格的參照。

除了網站之外，作為葡萄酒達人，手機、平板電腦中一定要有葡萄酒 APP，都可以更好的幫助你瞭解葡萄酒、玩轉葡萄酒、分享葡萄酒。

閱讀葡萄酒書籍

閱讀葡萄酒書籍，是學習瞭解葡萄酒的必要步驟，雖然說網絡上的內容很豐富，但內容畢竟比較分散，並且任何人都可以發表言論，出現問題的情況也有很多。閱讀專業的葡萄酒書籍，可以更好地瞭解葡萄酒，瞭解葡萄酒與生活中息息相關的地方，每一本書都會有你之前未必瞭解的內容，都是一種學習和欣賞。在這裏給大家推薦兩本我覺得還不錯的葡萄酒方面的書。

《神之雫》

葡萄酒漫畫最出名的莫過於這套《神之雫》，雖然有點小貴，但是對於葡萄酒愛好者來說是非常值得的，後來被拍成一部電視劇叫《神之水滴》，在網絡上可以找得到。不過看過原漫畫的朋友都反映說電視劇少了部分感覺，與漫畫相比差了很多。我個人也是這麼認為，一些人物的個性會在電視劇中有些

變化，而且劇情也比漫畫少了些喜劇效果。

這本漫畫講述的是著名的葡萄酒評論家去世後利用遺囑中的遺產所屬權逼自己的兒子與另一位知名葡萄酒評論家進行品酒較量，並找出他描述的 12 款酒，贏了才可以獲得他的億萬家產。其實就是在講他的兒子是如何從一個憎恨葡萄酒的人變成一位葡萄酒專家的故事。漫畫中對葡萄酒的描述詩情畫意，讓人不禁心嚮往之。雖然這是一部漫畫，但是裏面關於葡萄酒方面涉及的知識還是非常廣泛而且有深度的。如果是對葡萄酒不瞭解的人看了這套漫畫，很可能因為這套書開始對葡萄酒充滿好奇，希望瞭解更多的關於葡萄酒的知識，進而去閱讀一些專業性更強的書籍。

《葡萄酒史八千年》

作者奧茲·克拉克（Oz Clarke）是英國久負盛名的葡萄酒專家，個人覺得非常值得一看。作者按照時間順序從公元前 6000 年開始寫到今日，幾乎囊括了所有葡萄酒有關的大事件，包括影響葡萄酒發展進程的歷史事件與人物。讓讀者可以「一站式」瞭解葡萄酒的歷史、文化及其相關技術的演變過程，

介紹得非常詳細，還介紹了很多有趣、有用，但卻鮮為人知的「內幕」，可讀性非常強。

參加葡萄酒知識培訓

在北京、上海、廣州、深圳這樣的一線城市，幾乎每周都有公開的葡萄酒講座類活動，一些二三線城市，也會有一些這樣的活動，當然，有些辦講座的公司是為了收取費用賺錢，有些講座是公司為了間接宣傳自己的葡萄酒，有些講座是為了讓你繼續深造學習報名更多的課程班，但是不管哪一種，如果是免費的或者是在經濟條件允許的範圍內，你都可以去參加，能瞭解更多的葡萄酒知識，品品酒，還可以多認識一些同樣喜愛葡萄酒的朋友。

收藏自己出生年份的酒

作為葡萄酒愛好者，都希望可以收藏、飲用一瓶自己出生年份的葡萄酒，聽起來好像不是很難，但事實上也並不是那麼容易做到的。且不說如今很多葡萄酒愛好者都是 50 後、60 後、70 後，就是現在剛入社會不久的 90 後，想要在市面上尋找一瓶和自己同年出生的葡萄酒也是不容易的。

現在市面上葡萄酒的主要年份在 2000 年以後，中等價位的酒更是在 2008 年以後居多，原因很簡單，並不是每種酒都有那麼多年的陳年潛力，其次，就算有陳年潛力的，也不是每一種都還在市面上流通的。常見的能購買到的年份酒一般都是法國列級酒莊的酒，且越是老年份的酒價格越貴，有想法要收藏與自己出生年份相同酒的人最少也有 20 歲了，現在去找 20 歲的列級酒莊酒價格是相當不菲，尤其是對於那些 1982 年出生的人！所以，與其尋而不得，不如有了這個意識後，為我們的下一代收藏他們出生年份的酒吧，等他成年以後作為禮物送給他們，也是一件很有意義的事情。

後記 Epilogue

選擇葡萄酒的 N 個理由

為甚麼選擇葡萄酒？太多人問過我這個問題了，而這真的是一個很長的故事，沒有辦法一句兩句說明白，因為並不是我一時的決定，也並不是某一個原因導致我喜歡葡萄酒的。

第一次認識 Wine（葡萄酒）這個單詞，是在我 18 歲那年，當時我在澳洲上 11 年級，準備出國留學。由於外國這一年開始做高考準備，也要開始想大學的專業，我們每個人都有一本大學的科目列表，表上列有各個大學各個專業的高考要求分數和高中的必修課程。不誇張地說，那個表我看了不下 50 遍，因為當時我很矛盾，不知道應該學甚麼，列表是按照英文字母的順序排列的，wine marketing（葡萄酒市場學）這個專業，是最後一項。但當時我並不認識 wine 這個單詞，由於每一次我瀏覽時的最後一眼，都會落在這個 wine marketing 上，終於我實在是覺得 wine 這個單詞礙眼，拿起字典一查，原來是葡萄酒的意思，當時心裏的感覺是新奇和可笑，我記得我的第一個想法是：有意思，居然有這個學科，真的會有人學嗎？從此我知道了阿德萊德大學的這個專業。

我第一次對葡萄酒感興趣是朋友 18 歲生日那天，澳洲規定 18 歲以下不可以買酒，所以作為生日禮物，我決定給她買瓶酒。當時心裏並沒有想要買葡萄酒，只不過走進酒專賣店後放眼望去，95% 都是葡萄酒，要想找到啤酒甚麼的也挺不容易的，所以我就近選了一瓶 44.95 澳元的紅葡萄酒。當時我對葡萄酒一無所知，面對上百個牌子，完全不知道該怎麼選擇，最後挑了一個商標看起來比較高檔的買了。

過生日那天大家把酒倒好，剛剛喝了一口，我對面的一個男生就很驚訝地抬頭看看我說：「呀，這酒不錯啊，真不錯。」我當時心裏很開心，然而他接下來的一句話讓我很吃驚，他說：「這酒只是 40 多元澳元吧？」我當時實在是太驚訝了，因為我

記得買酒的時候，店裏邊的葡萄酒從 3 澳元到 100 多澳元，甚麼價位的都有，他怎麼能喝一口就知道這麼準確的價錢呢？

跟他相處了一段時間之後，發現他是一個很幽默、開朗，非常活潑的男孩，但是他每晚都要喝一瓶紅葡萄酒。記得有一次，半夜一點左右我不見他人，後來發現他一個人抱着一瓶紅葡萄酒（他喝酒都不用杯子），靜靜地坐在公寓外的台階上，整個世界彷彿都已經睡去，月光下他完完全全變成了另外一個人，那麼深沉，那麼安靜。他看到我並沒有邀請我坐下，卻說了句：「澳洲的紅葡萄酒，一開始你可能會不習慣，但是習慣了你會離不開它，我現在每天必須喝一瓶。」然後他接着喝起來。

如果之前他猜到葡萄酒的價格讓我驚訝，這一次則讓我開始對葡萄酒感到好奇，為甚麼它會有這樣的魔力，讓人離不開，讓一個活潑好動的男孩可以呈現如此感性的一面。

而讓我最難忘的是南澳車牌的設計。澳洲所有車牌在最下邊都會寫上該車的省份名，比如說維多利亞、西澳，其他地區都是這樣的，然而南澳的車牌，居然寫的是葡萄酒省！車牌號上邊還有幾片葡萄藤葉和兩串葡萄。這個發現更讓我開始對葡萄酒產生興趣，南澳的葡萄酒到底好到甚麼程度，到底有甚麼特別。這些疑問讓我回過頭來想起來阿德萊德大學的 wine marketing 專業。

帶着這些疑問，我找到了這個系的一位教授，他用了大概 2 小時的時間給我講解，從整個世界的葡萄酒現狀到澳洲的葡萄酒地位，最後到這個學校這個專業的世界地位，從他的字字句句中我可以感受到他對澳洲葡萄酒的愛，對這個專業的信心，當時的我被他說的暈暈乎乎的，離開時我的印象就是，澳洲葡萄酒就是世界上最好的葡萄酒，南澳又是澳洲葡萄酒最好的省份，阿德萊德大學的這個系就是世界上最好的葡萄酒學院。既然我處於這麼好的葡萄酒資源中，為甚麼不好好利用一下？

於是報專業時，我義無反顧地選擇了這個專業。這一舉動後，連向來看我不順眼的女生都團結到勸說我的行列中去了，先是我的高中老師，找我談了多次話，再是我的父母，對我先斬後奏表示很氣憤，對於我的選擇表示非常的不理解，之後是教育部主管，還特

地請我吃了頓飯來勸我改專業，可惜我飯是吃了，但心意未變。再下來就是我的那幫豬朋狗友和一些曾經以身試法過的人，說這個專業多難多難，說沒有中國人學下來過，說我就沒長那個舌頭。唉，他們太不瞭解我了，我向來是軟硬不吃，不讓別人的意見來左右自己的決定。

不過這個專業的確很難倒是真的，記得第一堂正式上課，我都懷疑自己是不是真的學過英語，怎麼一句話都聽不懂，完全不知道老師在那講甚麼。不過我並不擔心，這種情況在高中第一次學會計，第一次學營養，第一次學經濟的時候都發生過，幾個生詞而已嘛，翻來覆去用用就懂了。

讓我印象深刻的是品酒課，學的時候非常有意思，大家一大早上就聚集在一起，一瓶一瓶地品，相互探討，談論自己對這個酒的感覺，記得自己很幸運，旁邊坐的是一個讀研究生的美國人，他之前有過 7 年的品酒工作經驗。然而考試就沒這麼輕鬆了，我們三個星期的品酒課，六次考試，難度逐一遞增，其中一個不及格的話，整個學期就不用往下學了，無論論文多好，考試分數多高，這科都得重修，所以大家還得很嚴肅的。

記得第一次品酒考試，卷子一發下來我就傻了，頭幾個問題還好，最後一個問題是要求品出每一瓶酒是甚麼葡萄品種釀造的。我正不知所措呢，旁邊的美國同學又給了我強烈的打擊。他連喝都沒喝，只是把酒往前傾斜了一點，看了看，就放回原位了，然後落筆答卷。我是又看又聞又品了半天才能搞定一個，等我搞定一個的時候，他已經答完了，這就是差距啊！大二一開學，外國人沒了一半，中國人七個消失了六個，只剩下我一人，我感覺很可惜，記得其中有一個中國人是山東的，而且他的名字居然就叫張裕，唉，不學葡萄酒真是可惜了。

綜上所述，我的選擇不是偶然的，也不是一時衝動，所以也沒有辦法用一句話表達清楚，就像是命中注定的。記得有一次陪朋友去玩塔羅牌，我也跟着玩，結果被算出來我是天蠍座做葡萄酒的，當然他說的是飲食方面的工作，可能因為那張牌上邊畫的是一瓶葡萄酒和一隻碟子。不過，我選擇性地沒看見那隻碟子。

作者
秦嶺

責任編輯
李穎宜

美術設計
鍾啟善

排版
辛紅梅

出版者
萬里機構出版有限公司
香港北角英皇道499號北角工業大廈20樓
電話：2564 7511
傳真：2565 5539
電郵：info@wanlibk.com
網址：http://www.wanlibk.com
　　　http://www.facebook.com/wanlibk

發行者
香港聯合書刊物流有限公司
香港新界大埔汀麗路36號
中華商務印刷大廈3字樓
電話：（852）2150 2100
傳真：（852）2407 3062
電郵：info@suplogistics.com.hk

承印者
中華商務彩色印刷有限公司
香港新界大埔汀麗路36號

出版日期
二零二零年三月第一次印刷

本書繁體版權由中國輕工業出版社有限公司授權出版，
版權負責林淑玲 lynn1971@126.com